生态园林与景观艺术设计研究

黄 鹂 徐静薇 李 勇◎著

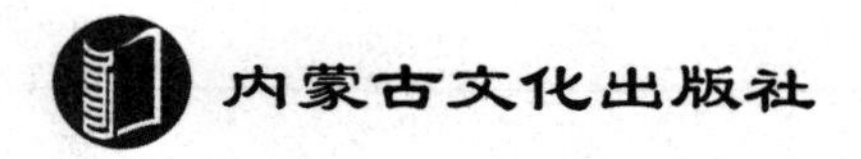

图书在版编目（CIP）数据

生态园林与景观艺术设计研究 / 黄鹂，徐静薇，李勇著. -- 呼伦贝尔：内蒙古文化出版社，2024.2

ISBN 978-7-5521-2410-1

Ⅰ. ①生… Ⅱ. ①黄… ②徐… ③李… Ⅲ. ①园林设计一研究②景观设计一研究 Ⅳ. ①TU986.2

中国国家版本馆 CIP 数据核字（2024）第055343号

生态园林与景观艺术设计研究

黄 鹂 徐静薇 李 勇 著

责任编辑 黑 虎

装帧设计 北京万瑞铭图文化传媒有限公司

出版发行 内蒙古文化出版社

地　　址 呼伦贝尔市海拉尔区河东新春街4付3号

直销热线 0470-8241422　　**邮编** 021008

印刷装订 天津旭丰源印刷有限公司

开　　本 787mm×1092mm 1/16

印　　张 12.25

字　　数 190千

版　　次 2024年10月第1版

印　　次 2024年10月第1次印刷

标准书号 978-7-5521-2410-1

定　　价 72.00元

前 言

近年来，随着我国社会经济的快速发展，园林景观设计在内容和形式上也发生了巨大的变化。生态园林是园林景观行业追寻的根本，现代景观艺术设计从某种意义上来说，就是对脚下这片赖以生存的土地的分析、规划、设计、改造、保护和管理。它本身就具有自然属性和社会属性的双层含义，驾驭着整个生态系统的结构与功能。

园林景观规划与设计是融园林学、生态学、景观学、建筑学、城市规划、环境艺术、园艺、林学、文学艺术等自然与人文科学为一体的高度综合的一门应用性学科。园林景观之所以在当今社会受到广泛的关注，除了与人们的生活息息相关外，还有利于城市的可持续发展，对保护城市的生态环境具有重要的意义。园林景观表现对城市的影响体现在视觉效果上，在大地上作画主要是通过对植物群落、水体、园林建筑、地形等要素的塑造来达到目的的。通过营造人性的、符合人类活动习惯的空间环境，营造出怡人的、舒适的、安逸的景观表现环境。

在智慧化时代的今天，景观工作者需要在建设发展中重建生态平衡，建设多层次、多结构、多功能、科学的植物群落，建立人类、动物、植物相联系的新秩序，达到生态美、科学美、文化美和艺术美的高度统一。在景观艺术设计中应用系统工程发展园林，使生态、社会和经济效益同步发展，实现良性循环，为人类创造清洁、优美、文明的生态环境。

由于编者水平有限，加上时间仓促，书中难免有一些不足之处，欢迎同行和读者批评指正。

目　录

第一章　生态园林景观概述

第一节　园林景观的概念与研究范畴

“园林”一词始于魏晋时期，广见于西晋（公元200年左右），有文字记载较早见于《洛阳伽蓝记》。根据园林的性质，园林也称作园、苑、园亭、庭园、园池、山池、池馆、别业、山庄等，实质就是在一定的地段范围内利用并改造天然山水地貌或人为地开辟山水地貌，结合植物栽植和建筑布置，构成一个供人们观赏、游憩、居住的环境。从广义的角度讲，城市公园绿地、庭院绿化、风景名胜区、区域性植树造林、开发地域景观、荒废地植被建设等都属于园林的范围或范畴；从狭义的角度讲，中国的传统园林、现代城市园林和各种专类观赏园都称为园林。而“景观”一词，则是从1900年在美国设立的Landscape Architecture（园林学）学科发展而来。1986年，在美国哈佛大学举办的国际大地规划教育学术会议明确阐述了这一学科的含义，其重点领域甚至扩大到土地利用、自然资源的经营管理、农业地区的发展与变迁、大地生态、城镇和大都会的景观。西方的景观研究观念现在已扩展到“地球表层规划”的范畴，目前国内一些学者则主张“景观”一词等同于“园林”，而事实上现代园林的发展已不局限于园林本身的意义了，所以此种论点存在很大争议。

园林景观设计作为一门综合性边缘学科，主要是研究如何应用艺术和技术手段恰当地处理自然、建筑和人类活动之间的复杂关系，以达到各种生命循环系统之间和谐完美、生态良好的一门学科。园林景观是美，是栖息地，是具有结构和功能的系统，是符号，是当地的自然和人文精神。

就研究范畴而言，本书将对园林景观加以分类归纳，即在微观意义上理解为：针对城市空间的设计，如广场、街道，针对建筑环境、庭院的设计，针对城市公园、园林的设计；中观意义上理解为：针对工业遗存的再开发利用，针对文化遗存的保护和开发，针对历史风貌遗存的保护开发、生态保护或生态治理相关的景观设计以及城市内大规模景观改造和更新；宏观意义上理解为：针对自然风景的经济开发和旅游资源利用、自然环境对城市的渗透以及城市绿地体系的建立、供休憩使用的区域性绿地系统等。

第二节 东西方园林景观的风格比较

世界园林分为三大体系：东方园林、欧洲园林、阿拉伯园林。

东方园林，以中国为源头，渗透着山水文化与士人情结，映射着儒、释、道的哲学思想，呈现人对自然万象的思索。受中国园林和禅宗思想的影响，日本园林结合本土美学，将中国枯山水一支深入拓展，后又融入源于茶道的茶庭，形成了浓郁的民族风格。

一、东方园林景观的写实与写意

（一）中国古典园林的天人合一

中国古典园林是中国传统文化的重要组成部分。作为精神物化的载体，中国园林不仅客观真实地反映了不同时代的历史背景、社会经济和工程技术水准，而且特色鲜明地折射出中国人的自然观、人生观和世界观的演变，蕴含着儒、释、道的哲学与宗教思想渗透及山水诗画等传统艺术的影响。

中国古典园林的发展历史久远。据古文字记载，奴隶社会后期殷周出现了方圆数十里的皇家园林“囿”，被认为是传统园林的雏形。此前先民臆造的神灵的生活环境也为后世造园提供了基本的要素，如山、水、石、植物、建筑等。先秦、两汉的造园规模十分庞大，但演进变化相对缓慢，总的发展趋势是由神本转向人本，其间，宗教意义淡化，更多地融入了基于现世理性和审美精神的明朗节奏感，游宴享乐之风超越巫祝与狩猎活动，山水人格化始露端倪；造园者对自然山水的竭力模仿开创了“模山范水”的先河，这一时期是中国园林史的第一个高潮。魏晋南北朝是中国古典园林发展史上重要的转折阶段。此时园林的规划由粗放转为细致自觉的经营，造园活动已完全升华到艺术创作的境界。佛学的输入和玄学的兴起熏陶并引导了整个南北朝时期的文化艺术意趣，理想化的士人阶层借山水来表达自己体玄识远、萧然高寄的襟怀，因此园林风格雅尚隐逸。隋唐园林在魏晋南北朝奠定的风景式园林艺术的基础上，随着封建经济和文化的进一步发展而臻于全盛。隋唐园林不仅发扬了秦汉时期大气磅礴的气派，而且取得了辉煌的艺术成就，出现了皇家园林、私家园林、寺观园林三大类属。这一时期，园林开始了对诗画互渗的写意山水式风格的追求。到了唐宋，山水诗画跃然巅峰，写意山水园也随之应运而生。及至明清，园林艺术达到高潮，这是中国园林史上极其重要的一个时期。而皇家园林的成熟更标志着我国造园艺术的最高峰，它既融合了江南私家园林的挺秀与皇家宫廷的雄健气派，又凸显了大自然生态之美。1994年，素有中国古典园林美誉的四大园林：承德避暑山庄、北京颐和园、苏州拙政园、苏州留园先后被联合国教科文组织列入世界文化遗产名录，从而成为全人类共同的文化财富。纵观中国传统园林发展过程，在设计理念上可以概括为以下4点：①本于自然，而又高于自然；②自然美和人工美融糅；③诗情画意；④意境深蕴。

中国传统造园艺术所追求的最高境界“虽由人作，宛自天开”“外师造化，中得心源”，实际上是中国传统文化中“天人合一”的哲学观念与美学意念在园林艺术中的具体体现，即纯任自然与天地共融的世界观的反映。这一宣扬人与自然和谐统一的命题，是以“天人合一”为最高理想，注重体验自然与人的契合无间的一种精神状态，是中国传统文化精神的核心。其较早可追溯到汉代思想家董仲舒的“天人相类”说，他在《春秋繁露》的《人副天数》中将人与天相比附，虽不免有牵强之嫌，但本质上却不自觉地蕴含着“天人同构”——“人体与自然同构”的观点，恰好与马克思的人对于自然不可分离的关系——“生命维系关系”的言论有异曲同工之妙。之后，宋代的张载首次提出了“天人合一”这一概念性词汇。这是中国思想史上较早出现并最早建立的初具完整体系基础的“天人合一”论。中国园林即是“天人合一”生态艺术的典范。探究中国古典园林美的发展历程和艺术的建构、意境、规律以及审美文化心理，均不能离开“天人合一”这一具有中国特色的哲学、生态、美学的思想渊源。从20世纪中叶开始，人类面对环境恶化的生存危机，不断发出以生态拯救地球的呼吁，表达了对回归自然、返璞归真的由衷渴慕。中国古典园林作为一门充满东方智慧的生态艺术，其关于人与自然的和谐营造思想，为现代环境的开发和保护提供了理论依据和历史参照，是符合可持续发展——永继生存的未来趋向的。

（二）日本园林的和风与禅境

作为与中国一衣带水的邻邦，中国文化在日本得到了最大化的传播和移植，尤其是源于佛文化东渐的禅宗思想更是与日本美学的“幽”“玄”“侘”“寂”相交融，以其特有的复合变异性，形成了具有民族特色的哲学思想。日本园林即是在吸收中国园林艺术的基础上，创造的一种以高度典型化、再现自然美为特征的“写意庭园”和“以一木一石写天下之大景”的艺术形式。

禅宗思想与日本美学的结合影响了日本园林艺术的造园设计和审美品位。首先，日本枯山水艺术专注于对“静止与永恒”的追求：枯山水庭园是表达禅宗观念与审美理想的凭借，同时也是观赏者“参禅悟道”的载体，它们的美是禅宗冥想的精神美。为了反映修行者所追求的“苦行、自律”“向心而觉”“梵我合一”的境界，园内几乎不使用任何开花植物，而是使用诸如长绿树、粗拙的木桩、苔藓以及白沙、砾石等具有禅意的简素、孤高、脱俗、静寂和不均整特性的元素，其风格一丝不苟、极尽精雅。这些看似素朴简陋的元素，恰是一种寄托精神的符号，一种用来悟禅的形式媒介，使人们在环境的暗示中反观自身，于静止中求得永恒，即直觉体认禅宗的“空境”。其次是追求“极简与深远”：枯山水庭院内，寥寥数笔蕴含极深寓意，乔灌木、岛屿、水体等造园惯用要素均被一一删除，仅以岩石蕴含的群山意象、耙制沙砾仿拟的流水、生长于荫蔽处的苔地象征的寂寥、曲径寓意的坎坷、石灯隐晦的神明般的导引，来表现情境和回味，传达对人生的感悟，其形式单纯、意境空灵，达到了心灵与自然的高度和谐。枯山水庭园对自然的高度摹写具有抽象和具象的构成意味，将艺术象征美推向了极致，具有意蕴深邃、内涵丰富的美学价值。

二、欧洲园林景观的理性与自然

（一）法国古典主义风格园林

法国古典主义园林以规则构图、轴线对称、运河水渠、节点喷泉、放射性道路、修剪植物等为主要特征。代表作有凡尔赛宫苑、沃·勒·维贡特府花园、尚蒂伊府邸花园、特里阿农宫苑、枫丹白露宫苑、丢勒里花园、索园等。

受以笛卡尔为代表的理性主义哲学的影响，法国园林推崇艺术高于自然、人工美高于自然美，讲究条理与比例、主从与秩序，更注重整体而不强调细节的玩味，但因空间开阔、一览无余，意境显得不够深远，人工斧凿痕迹也显得过重。

法国古典园林的组景基本上是平面图案式的，它运用轴线控制的手法将园林作为一个整体来进行构图，园景沿轴线铺展，主次、起止、过渡、衔接都做精心的处理。由于其巨大的规模与尺度（如凡尔赛宫纵轴长达 3km）创造出一系列气势恢宏、广袤深远的园景，故又有“伟大风格”之称，与中国古典园林擅长处理小景相比，法国古典园林更擅长处理大景。

法国古典园林理水的方法主要表现为以跌瀑、喷泉为主的动态美。水剧场、水风琴、水晶栅栏、水惊喜、链式瀑布等各式喷泉构思巧妙，充分展示出水所特有的灵性。相比较而言，静水看似少了些许灵气，但静态水体经过高超的艺术处理后所呈现出来的深远意境，也是动态水体难以企及的。

法国古典园林的栽植从类型上分，主要有丛林、树篱、花坛、草坪等。丛林是相对集中的整形树木种植区，树篱一般做边界，花坛以色彩与图案取胜，草坪仅做铺地，丛林与花坛各自都有若干种固定的造型，尤其是花坛图案，犹如锦绣般美丽，有“绿色雕刻”之称。

（二）意大利台地式风格园林

意大利台地园以建筑为中心、轴线对称、竖向起伏、分层分院、主楼广场、跌落水景等为主要特征，其代表作有阿尔多布兰迪尼庄园、伊索拉·贝尔庄园、加尔佐尼庄园、冈贝里亚庄园等。

就地形而言，意大利台地园的露台由倾斜部分和下方平坦的部分构成，视坡度的缓急、宽窄、高低之分，形式不尽相同。从平面图上看，它采用了严整的规则对称的格局，以建筑的轴线为基准，但有时主轴线垂直或平行于建筑的轴线。同时，庭院的细部也通过其他轴线来对称地统一布置，以花坛、泉池、露台等为面，园路（包括树篱和树行）、阶梯、瀑布等为线，小水池、园亭、雕塑等为点的布局都强化了这种对称。

早期意大利园林的植物繁多，但后期不断精简。由于地处亚热带气候区，需要栽植常绿植物形成树荫，其中落叶树种尤以法国梧桐和白杨居多，此外橘树、橄榄、柠檬等果树常片植或盆栽。意大利人却不热衷于栽花植草。

园林中水的处理有池泉、阶式瀑布和喷泉，喷泉被视为意大利庭院的象征，为了装饰喷泉，往往置放雕塑形成上小下大的塔状。雕塑的名称也因题材而定，以神话中的英雄、神灵、动物为主。

（三）英国自然风景园林

英国风景园以自然水景、草地缓坡、乡野牧场、植物造景为主要特色，代表作有查兹沃斯风景园、霍华德庄园、布伦海姆风景园、斯陀园、斯托海德园、邱园、尼曼斯花园等。

英国风景园造园思想来源于以培根和洛克为代表的经验论，认为美是一种感性经验，排斥人为之物，强调保持自然的形态，肯特甚至认为“自然讨厌直线”。但由于过于追求“天然般景色”，往往源于自然却未必高于自然，又由于过于排斥人工痕迹，细部较为粗糙，园林空间略显空洞与单调。钱伯斯就曾批评它与普通的旷野几无区别。

英国风景园的布景类似中国古典园林中的“步移景异”，景园以不同距离、不同高度、不同角度展开，整体意境宁静而深远，一派天然牧场般的田园风光。其水景的处理主张结合地形，树丛与两岸大面积的草地形成缓缓的草坡斜侵入水，并且注重树丛的疏密、林相、林冠线（起伏感）、林缘线（自然伸展感）的处理，整体效果既舒展开朗，又富自然情趣。这是它的独特所在。

三、阿拉伯园林景观的宗教情愫

阿拉伯园林以建筑庭院、水渠水景、轴线对称、模纹花坛为特色，其代表作有印度泰姬陵、西班牙阿尔罕布拉宫苑和格内拉里弗花园等。

西亚波斯穆斯林园林在世界园林史上具有独特的地位。由于波斯穆斯林所生活的地区位于亚洲的西部，与欧洲相邻，历史上穆斯林文化与基督文化发生过长期的冲突，战争不断，加之它又是古代丝绸之路的必经之处，所以波斯穆斯林园林对于东西方园林艺术的发展均有过较大的影响。

其造园的特点是用纵横轴线把平地分作四块，形成方形的“田字”，以象征由四部分组成的宇宙及其神力。十字林荫路交叉处设中心喷水池，中心水池的水通过十字水渠来灌溉周围的植株。中西亚国家干旱少雨，干旱与沙漠使人们只能在自己的庭院里经营一小块绿洲。在古代西亚的园林中，其园林完全是为了制造一个人为的美好空间，故只能采取封闭空间形式，四周以建筑物围合，其内种植花木，布局呈规则形状，并以五色石铺地，构成抽象规则的图案，防止地面风蚀。尤其重视水的利用，最常见的是在中心部位修正方形或长方形水池。水的作用不断发挥，由单一的象征着天堂的中心水池演变为各种明渠暗沟和喷泉，最高级者还利用地势修建台阶状多级跌水，这种水法的运用后来深刻地影响了欧洲各国的园林。除了水，树也是阿拉伯园林常用的元素，信仰者认为树的顶端更加接近天堂。

阿拉伯园林的主体形式源于《古兰经》教义中对天堂的描述，伊甸园中树荫覆盖、河水流淌，花园像美丽的地毯一样，人的身心在其中能得到休息，思维可以从成见中解放。因此，地理和宗教情愫是构筑阿拉伯园林的精神本源，是西亚人对天堂和尘世的象征主义构想。

四、东西方园林景观的文化差异

作为各具特性的系统，中国园林和西方园林有着不同甚至截然对立的品格，特别是在天人关系的终极理念上表现出严格的分野。

西方园林艺术突出科学、技能，它着眼于几何美或人工美，以几何图案、轴线、对称、整齐为特点，一切景物无不方中矩、圆中规，体现出精确的数的关系，遵从“强迫自然接受均匀的法则”；而中国园林则着眼于自然美，以自然、变化、曲折为特点，追求自由生动、具象化的风韵之美，使自然生态如真、气韵生动如画，在宏观和中观上崇尚天然的生态美，达到“虽由人作，宛自天开”的境界。

究其原因，首先从园林的产生之初分析，中国园林发源于苑囿，后融合诗书画并取自然山水之意趣。西方园林则发源于果园菜地，追求规整，喷泉即可视为农业灌溉的物态留存。其次，从意识形态看，中国老庄哲学崇尚自然写意，主张“人法地，地法天，天法道，道法自然”，庄子的“天”有明显的自然性，也代表着一种自然情状，认为只有顺应自然、回归自然，进入“天和”状态才能达到常乐的境界，所以中国古典园林在营构布局、配置建筑、山水、植物上都竭力追求顺应自然，着力显示纯自然的天成之美，并力求打破形式上的中规中矩，使得模山范水成为中国造园艺术的最大特点之一。而西方哲学则强调理性和规则，这和西方美学的历史传统密切相关。西方美学史上最早出现的美学家是古希腊的毕达格拉斯学派，他们都是数学家、天文学家和物理学家。该学派认为“数的原则是一切事物的原则”“整个天体就是一种和谐和一种数”。所以西方园林相对于东方园林而言大异其趣，它是古希腊数理美学的感性显现和历史积淀，它通过数的关系把科学、技能物化，使园林设计中处处可见几何学、物理学、机械学、建筑工程学等学科的人为成果，是科学之真和园林之美的结合。这种风格的园林尤以意大利、法国为代表。

最后，关于天人关系的意识形态的不同，决定着东西方园林风格的迥异。与作为中国文化发展的基础性和深层次根源的“天人合一”思想传统相反，西方的文化思想传统，从古希腊的本体论到近代的认识论，主客二分的基本思路始终占主导地位，构成了东西文化的本原性差异。西方园林强调的是“人”，中国园林强调的是“天”。此外，民族审美气质的不同也是二者产生差异的原因之一。关于形式，中国美学追求多样统一，崇尚“自然天成之趣”，强调“参差”“尽殊”，避免整齐划一的刻板。“参差”是自然的本相，“均齐”不符合自然的本真。计成的《园冶》中即有“合乔木参差山腰，蟠根嵌石”的体悟。因此，中国园林在处理环境与建筑的关系上，使建筑营造得像自然“生”成一样。而亚里士多德则认为美的形式是空间的“秩序、匀称与明确”，所以西方园林呈现的是一切服从建筑，或一切有如建筑的规整、谨严，显示着强烈的人工、技能、数比之美。它传达的是一种鲜明的理性感，其园林内的秩序与外界自然的野趣形成了鲜明的对比。尽管西方也有注重自然之趣的审美观念，但不占主流，这就决定了西方古典园林讲求规矩格律、对称均衡、乐于从几何形式中体会数的和谐和整一性以及齐整了然的优美。

总之，一个时代、一个民族的造园艺术集中反映了当时在文化上占支配地位的理想、情感和憧憬，如浪漫主义之于英国园林、禅宗之于日本园林、理性主义之于法国园林、自然意境之于中国园林的影响。

第三节　现代园林景观的发展趋势

一、现代园林景观的功能延展

（一）满足人的基本活动需求和注重公共参与

人是园林景观设计的主体，园林建筑的目的就是坚持人性化设计，根据人的行为规律和审美需求，为人提供良好的工作和休憩环境。一方面，环境要维护人的身心健康，另一方面又要充分考虑使用者层次的多样性，为老人、儿童、残障人士设置特型空间，并积极倡导公众参与体验，即城市娱乐休憩理论、城市体验理论。它主要以娱乐休憩的方式和鼓励参与的互动方式，使人在公共环境的体验中获得愉悦，在休憩和参与的环境中达到提高个体行为的最优化程度。同时，人的公共参与也将完善某些景观雕塑作品，使人的动态行为成为作品展现的一个重要部分。

在体验设计的驱动下，城市的公共空间将越来越多地被用来修建融合了文化与零售的大众休闲场所。美国迪士尼公司是体验娱乐设计的先驱，它创造了动画片世界和世界上第一个主题公园，其根本就是给顾客带来具有美好回忆的快乐体验。迪士尼在主题公园内部创造了环境的一致性和迷人体验。而中国城市体验设计的一个成功典范则是上海外滩，它已由纯粹的对外开放金融区改造为城市体验的景点，在这里人们不仅可以游览、聚会、餐饮、摄影、练功、休闲、听音乐、读报纸，还可以眺望隔江的东方明珠电视塔、陆家嘴和正在升起的高层建筑景观。

（二）生态调节作用

在世界亟待解决人口与能源、环境等问题的当代，生态学课题得到了空前的重视，其研究结果被广泛应用。总结园林景观的生态效应，有如下几点：①减少噪声；②降温，增加相对湿度；③净化空气，抵抗污染作用；④具有防风与调节气流的作用；⑤具有遮阴、防辐射的作用；⑥具有监测环境的作用；⑦减少水土流失，改善土壤；⑧调节氧气、二氧化碳的平衡；⑨提供植物生境，维持生物的多样性，保持生态平衡；⑩营造良好的视觉效果，增加环境的可观赏性。

基于对园林景观生态效应的研究和深刻认识，很多发达国家在城市建设进程中较早地确定了生态城市的定位，不惜在城市滨水区保留了大面积的自然景观用以调节城市的生态环境，甚至在地价昂贵、高楼林立的城市中央开辟出中央绿地作为理想的生态缓冲带。目前，注重人居环境的自然化已成为城市发展的必然趋势。

（三）主题宣传与教育功能

学校校园景观可以教化育人。它是各院校根据自身的办学理念、规模和特色，人工创造的具有欣赏价值、激励作用和感染力的景致。广义上既包括静态造型艺术景观，又包括师生们在校园里演绎的种种动态活动场景和生活现象。狭义上特指静态校园景观：建筑工程艺术景观、文物文化艺术景观和生态园林艺术景观等。优美的校园景观以美的可感性、愉悦性陶冶着学生的情操，传承着独特的校园文化，构筑并丰富着校园的审美空间，承载着“润物细无声”的育人重任。

对产业景观的生态改造在一定意义上也起到教化育人和传承历史的作用。产业景观是指工业革命时期出现的用于工业、仓储、交通运输的，具有公认历史文化和改造再利用意义的建筑及其所在的城市地区，并非泛指所有历史遗留下来的产业建筑。与世界上许多国家相同，后工业时代的来临使我国传统工业生产场所逐渐转向城市的外围，导致城市中遗留下大量的废弃工业场地，如矿山、采石场、工厂、铁路站场、码头、工业肥料倾倒场等。它们虽然失去了存在的作用，但是却在城市的建立与发展中功不可没。建筑景观在历史中可以随着时代的变迁以另一种模式存在，即作为现代生态改造的标志性载体，不断地向世人传达着它的历史意义、生态观念和改造设计的可持续导向。

同时，名胜古迹作为人文景观的代表也有着教育宣传的持久意义，其主旨是追忆、展示和传颂本民族、本地域优秀的传统和文化。对古迹的“修旧如旧”，以及运用景名、额题、景联和摩崖石刻等赋予自然景物以文化表达的做法，在无形之中将地域文化和人文环境融入园林景观设计当中，这不仅带来了巨大的旅游资源，而且使得子孙后代更加了解自己生长的土地孕育的文化，更向外来者宣传了地方的特色历史。

即使是一般的人群聚集的广场绿地，教育作用也无处不在，它可以是直接的文字指示，也可以是间接的潜移默化的环境暗示。总之，园林景观不可回避地担当着重要的教化职能。

（四）乡土景观及历史文脉的保护与延续

所谓乡土景观，是指当地人为了生活而采取的对自然过程和土地及土地上的空间与格局的适应方式，是此时此地人的生活方式在大地上的显现。它必须包含几个核心的关键词：它是适应于当地自然和土地的、它是当地人的、它是为了生存和生活的，缺一不可。这是俞孔坚的比较广义的解释，而目前运用最为直观的现代园林景观设计师最热衷的手法是乡土植物的运用。

因为当地的乡土树种不仅容易适应它的气候环境、易成活、成本低，而且在潜移默化中对地方的历史和人们的习俗有着深远的影响。这正是岐江公园设计最具有影响力的一个特点，将水生、湿生、旱生乡土植物——那些被人们践踏、鄙视的野草应用到公园当中，来传达新时代的价值观和审美观，以此唤起人们对自然的尊重，从而培育环境伦理，营造城市与众不同的景观。

乡土景观也是地域文化和历史文脉的积淀。中国的文化遗产保护理论已经过了几十年的研究，但是囿于特定国情，文化遗产的保护一直处于被动的“保”的状态，历史文脉在当代生活中的角色和地位一直未能得到很好的重视。保护历史文脉的核心在于保护其真实性，即确保其历史和文化信息能完整、全面、真实地得到传承。这一范畴当继续扩展到以土地伦理和景观保护为出发点，保护在地方历史上有重要意义的文化景观格局，实现景观生态的连续，实现文化和自然保护的合一。

（五）防灾避害功能

鉴于各种非人为因素对人类社会造成的巨大伤害，园林景观空间的功能被进一步提升到了防灾避害的层面，这类景观空间被定义为“防灾公园”，即由于地震灾害引发市区火灾等次生灾害时，为了保护国民的生命财产、强化大城市地域等城市的防灾构造而建设的起到广域防灾据点、避难场地和避难道路作用的城市公园和缓冲绿地。我国地理环境十分复杂，自古灾害较多，长期以来对防灾减灾重视不足；而城市防灾公园在抵御灾害以及二次灾害、避灾、救灾过程中发挥着极其重要的作用。

防灾公园的主要功能是供避难者避难并对避难者进行紧急救援。具体包括：防止火灾发生和延缓火势蔓延，减轻或防止因爆炸而产生的损害，成为临时避难场所（紧急避难场所、发生大火时的暂时集合场所、避难中转点等）及最终避难场所、避难通道、急救场所、灾民临时生活场所、救灾物资集散地、救灾人员驻扎地、倒塌建筑物临时堆放场等。中心防灾公园还可作为救援直升机的起降场地，平时则可作为学习有关防灾知识的场所。

防灾公园的规划原则如下：

1. 综合防灾、统筹规划原则

除了防灾公园以外，还应当考虑对城市多种灾害的综合防灾，配合其他各类避难场所统筹规划。

2. 均衡布局原则

即就近避难原则，防灾公园应比较均匀地分布在城区。其设置必须考虑与人口密度相对应的合理分布。

3. 通达性原则

防灾公园的布局要灵活，要利于疏散，居民到达或进入防灾公园的路线要通畅。

4. 可操作性原则

防灾公园的布局要与户外开敞空间相结合、与人防工程相结合，划定防灾公园用地和与之配套的应急疏散通道。

5. “平灾结合”原则

防灾公园应具备两种综合功能，平时满足休闲、娱乐和健身之用，同时要配备救灾所需设施和设备，在发生突发公共危机时能够发挥避难的作用。

6. 步行原则

居民到防灾公园避难要保障步行而至。我国目前的主要措施是利用普通公园改造、开辟防灾公园，在总体规划的基础上，根据公园的文化定位和服务功能对旧建筑、景观设施、休闲设施、运动场所、教育设施、管理设施、餐饮设施、停车场等加以改造，使之发挥防灾救灾的功能。

（六）可持续发展原则

可持续的景观可以定义为具有再生能力的景观，作为一个生态系统，它应该是持续进化的，遵循“4R”原则：①减量使用，尽可能减少能源、土地、水、生物等资源的使用，提高使用效率；②重复使用，节约资源和能源的耗费，利用废弃的资源通过生态修复得到重复利用；③循环使用，坚持自然系统中物质和能量的可循环；④保护使用，充分保护不可再生资源，保护特殊的景观要素和生态系统，如保护湿地景观和自然水体等。

古人“天地人和”的“三才”思想就是建立在对农业生产“时宜”“地宜”“物宜”的经验认识之上的“人力”调配或干预。景观设计的可持续性必须遵循地方性、保护与节约自然资本原则、让自然做功和显露自然等。首先，在对生物过程的影响上，可持续景观有助于维持乡土生物的多样性，包括维持乡土栖息地生态的多样性，维护动物、植物和微生物的多样性，使之构成一个健康完整的生物群落，避免外来物种对本土物种的危害。其次，在对人文的影响上，可持续景观体现出对文化遗产的珍重，维护人类历史文化的传承和延续；体现对人类社会资产的节约和珍惜；创造出具有归属感和认同感的场所；提供关于可持续景观的教育和解释系统，改进人类关于土地和环境的伦理。所以，一个可持续的园林景观是生态上健康、经济上节约、有益于人类的文化体验和人类自身发展的景观。

二、现代园林景观的革命性创新

（一）现代技术的促进

新的技术不仅能使我们更加自如地再现自然美景，甚至使我们能创造出超自然的人间奇景。它不仅极大地改善了我们用来造景的方法与素材，同时也带来了新的美学观念——“景观技术美学”。

从更广泛的意义上来说，一般将现代景观的造景素材作为硬质景观与软质景观的基本区分之一，在现代景观设计中其内涵与外延都得到了极大的扩展与深化。硬质景观中相对突出的是混凝土、玻璃及不锈钢等造景元素的运用。软质景观中，大量热塑塑料、合成纤维、橡胶、聚酯织物的引入，甚至从根本上改变了传统景观的外貌；而现代无土景观的产生，又促进了可移动式景观的产生；现代照明技术的飞速发展，催生了一种新型景观——“夜景观”的出现。同时，生态技术应用于景观设计使现代景观设计师们不再把景观设计看成一个孤立的造景过程，而是整体生态环境的一部分，并考虑其对周边生态影响的程度与范围。

（二）现代艺术思潮的影响

园林景观一向是艺术和科学的共生体。依托于现代科技的基础，20世纪20年代，早期的一批现代园林设计大师，开始将现代艺术引入景观设计之中。从高更到马蒂斯再到康定斯基的热抽象，抽象从此成为现代艺术的一个基本特征；与此同时，从表现主义到达达派，再到超现实主义，20世纪前半叶的艺术基本上可归结为抽象艺术与超现实主义两大潮流；下半叶以后，随着技术的不断发展和完善，以及新的艺术理论如解构主义等的出现，一批真正超现实的景观作品不断问世。20世纪60—70年代以来，对景观设计较具影响的有历史主义和文脉主义等叙事性艺术思潮，还可看到以装置艺术为代表的集合艺术、废物雕塑的显著影响。许多现代景观作品中也能看到极简主义、波普艺术等各种现代艺术流派的影响。与其他艺术思潮不同的是，20世纪60年代末以来的大地艺术是对景观设计领域一次真正的全新开拓。大地艺术之所以能取得如此之多的突破，关键在于它继承了极简主义抽象简单的造型形式，又融合了观念艺术、过程艺术等思想。总之，现代景观设计极少受到单一艺术思潮的影响。而正是多种艺术的交叉才使其呈现出日益复杂的多元风格。

第二章 风景园林设计中的生态学原理

第一节 生态的风景园林设计

一、生态的风景园林设计模式

纵观近现代西方风景园林生态设计思想的发展，有两个特点发人深省：一是风景园林建筑师对社会问题的敏感性及责任感；二是其勇于及时运用最新生态科学成果的大胆创新精神。正因为如此，西方风景园林生态设计思想才得以不断更新和发展。西方风景园林界提出了生态展示性设计的概念：通过设计向当地民众展示其生存环境中的种种生态现象、生态作用和生态关系。以此为契机，通过研究前人的工作成果提出 4 种融入生态学理念的风景园林设计模式：一是生态保护性设计；二是生态恢复性设计；三是生态功能性设计；四是生态展示性设计。

（一）生态保护性设计

通常在生态环境比较好的区域或具有文化保护意义的区域，为保护当地良好的生态环境和当地有历史文化价值的遗址等，风景园林师会按照生态学的有关原理对场地进行设计，使当地良好的生态环境免遭破坏，又通过风景园林的设计手法创造出符合大众审美的园林空间。例如，北京菖蒲河公园就是一项保护古都风貌、促进旧城有机更新的重要工程，该项目中采用了这种生态学的设计理念。

（二）生态恢复性设计

这种设计模式一般指的是工业废弃地的风景园林设计，由于原有的工业用地污染严重、区域的生态环境恶劣，如果不对环境进行改善，工业废弃地将很难作为城市的其他用地使用。而将它们变成绿地不仅能改善生态环境，还可以将被工业隔离的城市区域联系起来。在绿地紧缺的城市，这对满足市民休闲娱乐的需要是行之有效的途径。

这个模式的风景园林设计一般是通过对有价值的工业景观的保留利用、对材料的循环使用、对污染的就地处理等一些融入生态学理论的设计手法，创造出注重生态与艺术的结合、适应现代社会、具有较高的艺术水准、融入生态思想与技术的园林景观。可以说这类园林景观一方面承袭了历史上辉煌的工业文明，另一方面将工业遗迹的改造融入现代生活，因此这些工业废弃地的更新设计并不仅仅是改变它荒凉的外貌，而是与人们丰富多彩的现代生活紧密联系在一起。例如，西雅图的炼油厂公园是这个设计模式的最早、最典型、最成功的案例之一。

（三）生态功能性设计

这种设计模式指的是在设计项目中，以生态学理念为先导，主动应用生态技术措施对场地进行合理、有效、科学的规划设计，使之既具有生态学的科学性，又具有风景园林的艺术美，从而达到设计目的，改善场地及周边环境，营造出与当地生态环境相协调的、舒适宜人的自然环境。例如，奥古斯堡巴伐利亚环保局大楼外环境设计。

（四）生态展示性设计

近年来，全民关注环境问题成为新的社会热点，基于环境教育目的的生态设计表现形式开始成为最新的研究方向。这种类型的设计模式是出于环境教育的目的，如成都活水公园所设计的场地不是因为生态环境的恶化而必须进行改造，而是通过设计模拟自然界的生态演替过程，向当地民众展示其生存环境中的种种生态现象、生态作用和生态关系。

二、对风景园林设计中生态学思想的分析

（一）场地特征

在做一个项目之前，一个很重要的工作就是现场勘察，亦即必须遍访场地及其周边环境，观察并记录下各种外形的状况、所有细微以及容易被忽视的方面。项目所在区域留下了各种遗迹、外形、布局。在设计中，汲取那些人们认为真正的本质，或将其植入未来的整治中是很有意义的。这种节约设计手法能尽可能地使设计不至于脱离场所个性，避免过于粗暴地割裂文脉。

在设计中尊重场地特征就是要谨慎地遵循场地的特点，尽量减少对地形

地貌的破坏改造，将场地的自然特征和人工特征都保留下来，经过设计使其得到强化。遵循场地特征做设计就像医生给病人看病一样，传统中医看病采用望、闻、问、切来了解病人的情况，现代医学采用各种技术手段、先进的仪器设备来诊断病人的病情。在设计中只有在外形和文化层面上以及在我们与实体的关系上，观察、调研、综合相互交织的现状条件、事物的联系和各种情况，做出决定和设计方案时才能获得灵感，即来自世界本身的灵感。通过最小干预的设计手法，创造出来的人工环境与周围的环境和谐、协调，如同场地中自然生长出来的一样。

尊重场地特征、因地制宜、寻求与场地和周边环境的密切联系、形成整体的设计理念已成为现代园林景观设计的基本原则。风景园林师并非刻意创新，更多地在于发现，在于用专业的眼光观察、认识场地原有的特性，发现与认识的过程也是设计的过程。因此，最好的设计看上去就像没有经过设计一样，只是对场地景观资源的充分发掘、利用而已。这就要求设计师在对场地充分了解的基础上概括出场地的最大特性，以此作为设计的基本出发点。就像“潜能布朗”所说的，每一个场地都有巨大的潜能，要善于发现场地的灵魂。

（二）地域性

地域文化是一定地区的自然环境、社会结构、教育状况、民俗风情等的体现，是当地人经过相当长的时间积累起来的，是和特定的环境相适应的，有着特定的产生和发展背景。设计应该适用于这种特定的场所，适宜特定区域内的风土人情、文化传统，应该挖掘其中反映当地人精神需求与向往的深刻内涵。

所谓地域性景观，是指一个地区自然景观与历史文脉的总和，包括气候条件、地形地貌、水文地质、动植物资源以及人的各种活动、行为方式等。人们看到的景物或景观类型都不是孤立存在的，都是与其周围区域的发展演变相联系的。园林景观设计应针对大到一个区域，小到场地周围的景观类型和人文条件，营建具有当地特色的园林景观类型和满足当地人们活动需求的空间场所。

当前，经济的迅猛发展并没有解决人类和谐生存的精神问题，幸福的概念也被物化。在全球人们开始关注文化本土化的问题，关注人类生存的根本问题，关注不同种群的历史生命记忆和独特的生存象征问题，关注人类文化不同的精神存在问题的大背景下，发展中国家文化传统的存在与可持续发展问题更加令人关注。此外，如何营造符合全球一体化趋势又具有地域文化特征和本国景观特色的城市形象，抵御外来文化的全面入侵与占领成为世界各国风景园林设计师关注的焦点问题。

例如在法国苏塞公园中，视线所及之处，林间宽阔的园路、多岔路口和林中空地构成法国传统的平原上的树林景观；巴黎雪铁龙公园的空间布局有着尺度适宜、对称协调、均衡稳定、秩序严谨的特点，反映出法国古典主义园林的影响。设计者充分运用自由与准确、变化与秩序、柔和与坚硬、借鉴与革新、既异乎寻常又合乎情理的对立统一原则对全园进行统筹安排，雪铁龙公园继承并发展了传统园林的空间等级观念，延续并革新了法国古典主义园林的造园手法。

随着时代的发展，风景园林师吸收、融合国际文化，以创造新的地域文化或民族文化，但是不能离开赖以生存的土壤和社会环境，在设计中应该把握以下原则：①将传统设计原则和基本理论的精华加以发展，运用到现实创作中；②将传统形式中最有特色的部分提炼出来，经过抽象和创新，创造性地再现传统；③尊重地域传统、环境和文化。

（三）植物群落

植物有很重要的生态作用，如净化空气、水体、土壤，改善城市小气候，降低噪声，监测环境污染等。风景园林设计应兼顾观赏性和科学性，以地带性植被为基础，保证植物的生态习性与当地的生态条件相一致。植物配置应以乡土树种为主，体现本地区的植物景观特色，具体的植物配置应该以群落为单位，乔、灌、草相结合，注意植物之间的合理搭配，形成结构稳定、功能齐全、群落稳定的复合结构，以利于树种之间相互补充，种群之间相互协调，群落与环境之间相互协调。

注重植物景观的营造，尤其是种植适应性强、管理粗放的野生植物和草本植物，甚至对外来植物进行引种驯化，保护生物的多样性。同时，利用对地形地貌、土壤状况和小气候条件的深刻了解，将植物的生命期和生长周期对景观的影响、植物群落的适应性和植物景观的季相变化作为风景园林设计理念的基本出发点。

（四）水处理

风景园林设计中从生态因素方面对水的处理一般集中在水质的清洁、地表水循环、雨水收集、人工湿地系统处理污水、水的动态流动以及水资源的节约利用等方面。

菖蒲河公园通过假山中藏着的一套24小时工作的水处理系统，将河道中的水抽到净水装置中进行处理，然后排回河道，周而复始、循环利用。同时，在河道中栽植香蒲、芦竹、睡莲水葱、千屈菜等10余种野生植物来保证水质的清洁。

成都活水公园充分利用湿地中大型植物及其基质的自然净化能力净化污水，并在此过程中促进大型动植物生长，增加绿化面积和野生动物栖息地，有利于良性生态环境的建设。它模拟和再现了在自然环境中污水是如何由浊变清的全过程，展示了人工湿地系统处理污水工艺具有比传统二级生化处理更优越的污水处理工艺。

中山岐江公园中岐江河由于受到海潮的影响，水位每日有规律地发生变化，日水位变化达11米，故按照水位涨落的自然规律，通过人工措施加以适当调整和控制并满足观赏的要求，设计采用了栈桥式亲水湖岸的方式，成功解决了多变的水位与景观之间的矛盾。在具体实践中，尝试了3种做法：①梯田式种植台。在最高和最低水位之间的湖底修筑3～4道挡土墙，墙体顶部可分别在处于不同水位时被淹没，墙体所围空间回填淤泥，由此形成一系列梯田式水生和湿生种植台，它们在不同时段内完全或部分被水淹没。②临水栈桥。在梯田式种植台上，空挑一系列方格网状临水步行栈桥，它们也随水位的变化而出现高低错落的变化，都能接近水面和各种水生、湿生植物和生物。在视觉上，高挺的水际植物又可遮去挡墙及栈桥的架空部分，取得了很好的视觉效果。③水际植物群落。根据水位的变化及水深情况，选择乡土植物形成水生—沼生—湿生—中生植物群落带，所有植物均为野生乡土植物，使岐江公园成为多种乡土水生植物的展示地，让远离自然、久居城市的人们能有机会欣赏到自然生态和野生植物之美。同时，随着水际植物群落的形成，许多野生动物和昆虫也得以栖居繁衍。

在北杜伊斯堡风景园林中水可以循环利用，污水被处理、雨水被收集并引至工厂中原有的冷却槽和沉淀池，经澄清过滤后，流入埃姆舍河。在萨尔布吕肯港口岛公园，园中的地表水被收集，通过一系列净化处理后得到循环利用。

奥古斯堡巴伐利亚环保局大楼的外环境设计中更是贯彻了地表水循环的设计理念：充分利用天然降水，使其作为水景创作的主要资源，尽量避免硬质材料作为地面铺装，最大限度地让雨水自然均匀地渗入地下，形成良好的地表水循环系统以保护当地的地下水资源。对硬质地面，利用地面坡度和设置雨水渗透口使雨水均匀地渗入地下。对半硬质地面，雨水直接渗入。屋面雨水大部分（60% ~ 70%）通过屋面绿化储存起来，经过蒸腾作用向大气中散发，其余部分则经排水管系统向地面渗透或储存，并为水景创作提供主要的水源。

同时，水景的形式和容积是通过对屋面雨水的蓄积量计算来设计的。该建筑 2/3 的屋面进行了屋顶绿化，约有 30% 的屋面雨水日常能保持 600 立方米左右，这些为院落总水景设计提供了重要参数。

（五）废弃材料的利用

自然界是没有“废弃物”的，“废弃物”是相对于生态系统而言的，这样的物质在生态系统内是不能分解或者需要很长的时间才能分解的。随着生态学思想在风景园林中的运用，景观设计的思想和方法发生了重大的转变，它开始介入更为广泛的环境设计领域。设计师倡导对场地生态发展过程的尊重、对物质能源的循环利用、对场地的自我维持和可持续的处理技术。

在后工业时期，一些景观设计师提出并尝试了对场地最小干预的设计思路，在废弃地的改造过程中，北杜伊斯堡风景园林中原有的材料仓库尽量尊重场地的景观特征和生态发展的进程。在这些设计中，场地上的物质和能量得到了最大限度的循环利用，很多工业废弃地经历了从荒野到工业区，再转变为城市公园成为市民的日常休闲场所。而场地中的残砖破瓦、工业废料、混凝土板、铁轨等都成为景观建筑的良好材料，它们的使用不但与场地的历史氛围很贴切，而且是自然界是没有“废弃物”的最好证明。

中山岐江公园是在保留原有造船厂自身特征的基础上采用现代景观语言改造成的公园，其设计保留了船厂浮动的水位线、残留锈蚀的船坞及机器等。铁轨是工业革命的标志性符号，也是造船厂的重要元素，新船下水、旧船上岸都有赖铁轨。设计者把这段旧铁轨保留下来，铺上白色鹅卵石，两边种上杂草，制造了一种怀旧情调。

在北杜伊斯堡风景园林中，庞大的建筑和货棚、矿渣堆、烟囱、鼓风炉、铁路、桥梁沉淀池、水渠、起重机等构筑物都予以保留，部分构筑物被赋予新的使用功能。高炉等工业设施可让游人安全地攀登、眺望，废弃的高架铁路可改造成为公园中的游步道，并被处理为大地艺术的作品，工厂中的一些铁架可成为攀缘植物的支架，高高的混凝土墙体可成为攀岩训练场——公园的处理方法不是努力掩饰这些破碎的景观，而是寻求对这些旧有的景观结构和要素的重新解释。设计也从未掩饰历史，任何地方都让人们去看、去感受历史，建筑及工程构筑物作为工业时代的纪念物被保留下来，它们不再是丑陋的废墟，而是如同风景园林中的景物供人们欣赏。

在萨尔布吕肯港口岛公园中，拉茨采取了对场地最小干预的设计方法，使原有码头上重要的遗迹均得到保留，工业的废墟（如建筑、仓库、高架铁路等）经过处理得到了很好的利用，还有相当一部分建筑材料利用战争中留下的碎石瓦砾成了花园的重要组成部分。

西雅图油库公园是世界上对工业废弃地恢复和利用的典型案例之一。设计师哈格认为，应该保护一些工业废墟，包括一些生锈的、被敲破的和被当地居民废弃了多年的工业建筑物，以作为对过去工业时代的纪念。它的地理位置、历史意义和美学价值使该公园及其建筑物成了人类对工业时代的怀念和当今对环境保护的关注的纪念碑。

海尔布隆市砖瓦厂公园的设计谨慎地遵循基地的特点，尽量减少对地形地貌的改造，基地的自然和人工特征都被保留了下来，并经过设计而得到强化，砖瓦厂的废弃材料得到再利用。砾石作为路基或挡土墙的材料或成为土壤中有利于渗水的添加剂，石材砌成干墙，旧铁路的铁轨作为路缘。保护区外围有一条由砖厂废弃石料砌成的挡土墙，把保护区与公园分隔开来。

（六）自然演变过程

自然系统生生不息、不知疲倦，为维持人类生存和满足其需要提供各种条件和过程。自然是具有自组织或自我设计能力的。盖亚理论认为，整个地球都是一种自然的、自我设计中生存和延续的一池水塘，如果不是人工将其用水泥护衬或以化学物质维护，便会在其水中或水边生长出各种藻类、杂草和昆虫，并最终演化为一个物种丰富的水生生物群落。自然系统的丰富性、复杂性远远超出人为的设计能力。

自然系统的这种自我设计能力在水污染治理、废弃物的恢复以及城市中地域性生物群落的建立方面具有广泛的应用前景。湿地对污水的净化能力目前已广泛应用于污水处理系统之中。

成都活水公园植物塘、植物床系统由6个植物塘和12个植物床组成。这个系统仿造了黄龙寺五彩池的景观，并种有浮萍、凤眼莲、荷花等水生植物和芦荟、香蒲、茭白、伞草、菖蒲等挺水植物，伴生有各种鱼类、青蛙、蜻蜓、昆虫和大量微生物及原生动物，它们组成了一个独具特色的人工湿地塘床生态系统，在这里污水经沉淀吸附、氧化还原和微生物分解等后，有机污染物中的大部分被分解为可以吸收的养料，污水就变成了肥水，在促进系统内植物生长的同时，也净化了自己，水质明显得到改善。人工湿地塘床系统好似一个生态过滤池，污水通过这个过滤池可以得到有效净化。

滨海博物馆海尤尔领地景观设计中，吉尔·克莱芒认为海尤尔领地景观的再现就如同一片熟地经过一场大火的焚烧之后许多乡土植物逐渐出现，呈现出具有返祖性的景观特色。那些具有惊人适应能力的植物会很快在火烧迹地上重新生长起来，形成先锋植物群落。面对各种外来植物的入侵，植物群落在竞争中演替，直至新的熟地的出现。

（七）气候因子

风景园林设计中涉及的气候因子主要有太阳光、气温、风等，这些因子直接或间接地影响着设计的效果。在设计之始，就要融入环境理念，充分利用自然地形地貌配置道路、建筑水体、植物等，减少土方开挖或土方就地平衡，保护和尊重原有自然环境。在规划布局中，应先分析场地的特定气候状况，充分利用其有利气候因素来改善场地的生态环境条件。在设计中营造小气候环境，不但有利于植物的生长、节约能源、减少废弃物的排放，而且对园林的使用者来说，创造了宜人的生态环境，有利于人们的身心健康。

拉维莱特公园中的竹园采用了下沉式园林的手法，低于原地面5米的封闭性空间处理，形成了园内适宜的小气候环境。在排水处理上，遵循技术与艺术相结合的设计思想，在园边设置环形水渠，既解决了排水问题，又增加了园内的湿度。

竹园的照明设计采用类似卫星天线的锅形反射板，形成反射式照明效果，在将灯光汇聚并反射到园内的同时，将光源产生的热量一并反射到竹叶上，借此局部地改善竹园中的小气候条件，以促进竹子的生长。

（八）土壤因子

在风景园林设计中，植物是必不可少的要素，因而在设计中选择适合植物生长的土壤就很重要。对此，主要考虑土壤的肥力和保水性，分析植物的生态学习性，选择适宜植物生长的土质。特别是在风景园林的生态恢复设计模式中，土壤因子很重要，一般都需要对当地的土壤情况进行分析测试，采取相应的对策。常规做法是将不适合或污染的土壤换走，或在上面直接覆盖好土以利于植被生长，或对已经受到污染的土壤进行全面技术处理。采用生物疗法处理污染土壤，增加土壤的腐殖质，增加微生物的活动，种植能吸收有毒物质的植被，使土壤情况逐步改善。比如，在美国西雅图油库公园，旧炼油厂的土壤毒性很强，几乎不适宜作为任何用途。设计师哈格没有采用简单且常用的用无毒土壤置换有毒土壤的方法，而是利用细菌来净化土壤表面现存的烃类物质，这样既改良了土壤，又减少了投资。

第二节　设计是对生态环境的适应

一、"生态设计"概念的误用

自从有了生态的概念，大家便把"生态"一词同"设计"连在一起使用，"生态设计"这四个字便出现在建筑设计、园林设计、产品设计等众多设计领域中。之所以能有如此高的使用率，说明大家认为生态设计是个值得提倡的设计方向。可是仔细考虑，究竟生态设计是什么样的设计、它应该具备什么特征、设计是否能达到人们的预期等问题，仍有待进一步推敲。

"生态"一词源于古希腊字，意思是指家或环境。《现代汉语词典》对"生态"一词的解释如下：指生物在一定的自然环境下生存和发展的状态。无论希腊词源还是中文解释，生态都无疑是个名词。在汉语里，一个名词（生态）和另一个名词（设计）的组合词属于偏正结构短语，前一个名词作定语使用。定语表示修饰、限定、所属等关系。根据汉语语法，可以对"生态设计"有如下解读：①表示修饰关系，即"生态的"设计；②表示限定关系，即针对"生态"的设计。

如果是修饰关系，那么“生态”表示形容词，即“生态的”。“生态的”描绘的是一种什么样的场景呢？尽管找不到对“生态的”这个形容词的标准解释，但从教科书上查找有关生态、生态学的解释可以归纳出几个要点：①生态是一种自然状态，生态系统中的变化和发展也是自然的变化和演替过程；②包括设计活动在内的人类活动对自然环境会产生干扰，干扰有正、负之分。不难发现，所谓生态的是不需要设计的，没有设计活动的干扰才能体现生态的本来面目，加入设计便不能称之为真正意义上生态的。可见，生态设计是一个内部相互排斥的组合词。

如果是限定关系，那么生态设计就限定了设计的范围，指针对“生态”，而不是针对一把椅子、一棵树等的其他设计。那么，为什么要对生态加以设计呢？设计作为一种创造性活动，其目的是改变，改变背后的潜台词说明人们对现有事物的不满意。按照这个逻辑，之所以对“生态”做设计，实际是因为人们对现有生态不满意。人们一方面对生态不满意，另一方面标榜生态设计，这显然是自相矛盾的。本书认为，造成这种矛盾的原因在于此生态非彼生态，加以设计的生态是现在的，标榜的生态是过去的，它们所属的时代不同。可见，生态设计是一个具有模糊性特征的词。

从以上字面的解读中可以知道生态设计这种说法的不合理性。可是，既然大家都在用，并把它理解为一个定义的、积极的词在不断使用，我们就不得不探讨其延伸的含义了。本书认为，如果“生态设计”是一个褒义词，能代表人们的诉求，它应该包含以下几个方面的含义：

第一，生态设计是“符合生态学原理的设计”；

第二，生态设计是“尽可能减小对生态环境干扰的设计”；

第三，生态设计是“对生态环境的适应性设计”；

第四，生态设计是“对生态环境的补偿性设计”。

二、设计符合生态学原理

在人们没有认识到生态系统的概念时，一切设计都是以人的欲望为起点的。这些欲望体现在对变化的审美和趣味的不断追求上，体现在对土地无限制的改造上。从历史上讲，园林设计诞生于贵族阶层，无论在东方还是西方，官宦和显贵的造园标准都是艺术美原则，设计指导思想是艺术哲学。伴随着手工业和农业的分工，城镇得以建立，进而发展为工业化的城市，土地上出现的设计多是人工合成物。这些以人们所想为指导的设计在现在看来是不生态的。

当人们意识到环境问题并开始关注生态学的研究后，设计的出发点加入了对环境因素的考虑。这些考虑体现在对场地自然环境的调研、充分利用自然的风和阳光、维持地上和地下生物的交流等，目的在于建立人的活动与自然进程的节奏相协调的关系。要想与某一事物相协调，需要先掌握它的规律，这个规律也就是我们所概括总结的原理。因此，我们所理解的生态设计实际上是符合生态学原理的设计，它有别于以往仅符合美学原理、仅满足心灵诉求的设计。

三、设计是对生态环境的适应

生态环境的各个层面都处于一种不断进化的状态中，它们在形式与实质上都不断变化着。为了生存得更舒适，人类本能地对生态环境中这些变化做出回答。这种回答通过设计来实现，因为设计被认为是一种有目的的创作行为，设计的结果是从一种形式到另一种形式的改变。

如果将生态环境与设计这两种都具有变化实质的事物建立联系，那么这个联系便是适应。

通常意义上，“适应”的定义如下：“适应是一种在结构、功能和行为上的变化，通过这种变化，物种及个体能够提高其在特定环境中的存活概率。”人类对自身生存环境的适应体现在方方面面，最为明显的就是其对居住环境的设计。在不同生态条件的背景下，人类通过设计活动创造出丰富多彩的居住形式和方式，营造适宜的生存条件，并最大限度地提高适应结果的质量。

在生产力不发达的古代，生态适应性设计的活动出现得较为频繁。比如，在古代，斯里兰卡为解决中部地区干旱的难题，先民修建了大大小小的人工蓄水池1500余座，形成了由水库、塘堰、渠系结合的灌溉系统。在某些宫殿中，蓄水池所储存的水可以供应宫殿中一整年所需；当雨水丰沛时，水还会从高处的水池中溢流出来，或是从设计成大小不同的出水孔处流出，形成错落有致的喷泉，煞为好看。

建筑设计中的代表性例子是埃及建筑师哈桑·法斯的作品。穹顶与风挡这两个建筑元素出现在哈桑多个作品中，它们是用于提高室内空气流速的设计。风可以从成排的风挡进入室内，在经过一个内循环后又进入地下储藏室，使那里贮存的食物不易腐烂。

四、设计尽可能减小对生态环境的干扰

人对自然环境的影响有正干扰和负干扰两种类型。尊重自然界的客观规律，谋求人与自然环境最大和谐与协调的生产活动是正干扰。反之，违背自然界客观规律的生产活动便是负干扰。一方面，虽然“和谐”“相协调”等词是褒义的，但不难看出学者在描述所谓的“正干扰”活动时内心的矛盾方面，人不能否定自己的存在；另一方面，人的生产活动确实很容易对自然环境造成负干扰，真的正干扰只不过是在自然环境应对外界改变的承受范围之内的活动，而这种活动也是受生产力水平所限的较为落后的活动。

从历史和现实来看，人类对自然环境的负干扰是远远大于正干扰的。这是因为生态系统的内在平衡并不一定总能适应人的需要。比如，自然界中稳定的生态系统不足以提供人类所需的食物，自然环境中生长出的棉花不能直接变成人们穿的衣服，因此人们需要建立农场、纺织厂，逐渐形成人工生态系统。但这种人工生态系统是不稳定的，它打破了自然生态系统原有的平衡。因此，很难相信人类在发展农林生产、发展城市等各个过程中负干扰会小于正干扰，也就是说人类活动总在不停地给生态系统的自然运作制造麻烦、给环境造成破坏的情况是不可避免的。

因此，生态设计实际上指尽可能地降低对自然系统日常运作的干扰和破坏，最大限度地借助自然再生能力而进行最少设计。它要求在风景园林的建设和维护过程中尽量使人的干扰范围和强度达到最小，尽量使所用的材料和工程技术不对自然系统中的其他物种和生态过程带来损害甚至是毒害。比较典型的例子有秦皇岛汤河公园，设计在完全保留自然河流生态廊道的基底上引入了一条带状设施，将所有包括步道、座椅、灯光和环境解说系统在内的城市设施整合于其中，以最大限度地保留自然生态系统的完整。

五、设计是对生态环境的补偿

如前所述，人类活动总在不停地给自然生态系统制造麻烦，只要是有人类经济活动作用的地方，对自然环境的破坏就是必然的。因此，通过设计活动，使被破坏的自然系统再生能力得以尽可能地恢复，就是对生态环境有益

的贡献，而这些努力实际上是人们在觉醒之后对生态环境的一种补偿。所以，生态补偿设计的说法更为明确。

设计对生态环境补偿的例子随处可见。典型的例子包括棕地和采矿区的恢复，如德国鲁尔钢铁厂就是通过设计手段将过去遭受污染及破坏的产业基地自然生态系统逐渐恢复的。近年来，湿地公园如火如荼的建设也是代表性的生态补偿设计。由于人们过去对湿地的认识不足，因此大面积湿地被占为他用或因建设干扰而退化。随着湿地的生态服务功能逐渐被发现，人们希望通过建立湿地公园来弥补过失、抵消损失。

第三节　生态学与风景园林设计的关系

一、生态学与风景园林设计的联系

生态学是研究生物及其周边环境关系的学科，更明确地说是研究生物与生物、生物与非生物之间关系的学科。其中的生物包括植物、动物、微生物以及人类，环境指生物生活的无机因素。生态学的分支研究领域非常多，这和其研究内容的庞大有直接关系。抛开非生物所指内容不说（这也是个无法估量的内容），仅研究生物（植物、动物、微生物、人）与生物之间的关系就可以得到12种答案。如果再加上不同尺度的细分，如个体尺度、种群尺度、群落尺度、生态系统尺度等，那么生态学的分支研究领域将是一个无止境的数目。

当下是由于生态学研究内容的庞大性使其不可避免地触及普通人，因此当人类作为一个物种存在于地球上时，我们就已经是生态学的学生了，我们的生存完全依赖我们对各种环境变化因子的观察能力和对生物在这些环境变化因子作用下的反应做出的预测能力。但是普通人能做到的只是生态学的小学生，他们依赖观察得到的结论是基于经验的，往往也是表面化的。

虽然目前对风景园林学的标准解释还是空白的，但是基本可以概括为：风景园林设计学是人居环境科学的三大支柱之一，是一门建立在广泛的自然科学和人文艺术学科基础上的应用学科，其核心是协调人与自然的关系，其特点是综合性非常强，涉及规划设计、园林植物、工程学、环境生态、文化艺术、地学、社会学等多学科的交汇综合，担负着自然环境和人工环境建设与发展、提高人类生活质量、传承和弘扬中华民族优秀传统文化的重任。

建立在广泛的自然科学和人文艺术学科基础上的应用学科指明了风景园林设计学的跨界性，因此这个涉猎面广泛的学科便把从属于自然科学的生态学涵盖在内了。但是，要求风景园林设计师像生态学家那样钻研是不现实的。如前所述，生态学的研究分支是个无穷无尽的数目，风景园林设计又是一个需要无限涉猎的综合学科，两个未知数在一起无论做什么运算，结果都无疑仍是个未知数。那么，风景园林设计到底要和生态学有多少交集呢？本书认为，既然人天生就是生态学的学生，普通人可以做到小学生，那么风景园林设计师达到初中毕业水平就够了。

二、生态学与风景园林设计的区别

生态学与风景园林设计学最显而易见的区别在于前者是自然科学，后者是融合了自然科学与人文科学的应用学科。生态学研究客观存在的现象，判断其研究成果需要通过科学实验来检验。虽然现代生态学将人对环境作用的因素考虑在内（这也是现代生态学对传统生态学的发展），但并不以人的意志为转移。风景园林设计学属于众多设计学科中的一类。设计有其人格化的特征，人是设计活动的主体也是设计成果的裁判。如果我们谈生态，必须放弃人自身的主体地位，把人和其他生命体归为同一；如果我们谈设计，就要把人的需求放在首位，健康的生态环境成为设计所考虑的人的众多需求之一。因此，生态学与风景园林设计学的区别在于人的地位和作用。

三、风景园林设计中生态学原理的表达

（一）规划层面的表达

1. 多方位的平衡

生态学原理告诉我们在一个生态系统中相对稳定的平衡状态是在各种对立因素的互相制约中达到的。在规划中，人们同样会面临各种对立因素的协调问题，包括自然资源的保护与恢复、土地的多功能使用、交通体系的畅通、抗灾系统的稳定以及民俗文化的传承等。虽然在对场地的评价、适宜性分析和概念模型建立过程中可以引入计算机技术，但在影响因素的权重确定、方案优化评价方面仍以主观判断为主。

规划者应审慎考虑可能性、经济性、合法性、趋利避害等问题，考虑近

期利益与长期利益的平衡，明确哪些可以牺牲、哪些必须坚持，以经济、适用、美观为原则进行方案的比较。

2. 分步骤、分阶段的建设次序

设计曾被形容为是在创造一种形式，即一种一经创造便是永久的且无法改变的形式。然而，这同生态的园林建设价值不符。自然界的各个层面都处在不断演变的过程中，人的行为也同样处在变化中。因此，设计应被理解为一个可以改变的过程，并且设计师应该为改变采取预留措施。

在开发建设过程中，先要考虑该建设是否需要、是否迫切。一个新城区的绿地建设往往不需要一次性完成。在开始阶段只需要建设能够支撑初期使用量的内容就可以了，尽量将不需要的部分在满足安全的基础上保持原始状态，充分发挥其天然的生态效应。以停车场为例，如轨道交通新站点、新社区周边绿地的停车场，它们从开始投入使用到发展成熟必定需要经历一段时间，设计时完全可以在初期用绿地代替部分停车位，直到真正需要时再完成全部工作。

先知先觉是规划工作者应具备的素质，因此预留部分是可以预测、可以控制的。通过这种安排，我们能让自然在保持其原始状态的阶段充分发挥其功效，将人的负干扰控制在最低限度。

（二）设计层面的表达

1. 地形设计

（1）保护自然地形

自然界中地势的高低起伏形成了平地和坡谷，这两种形态创造出了截然不同的空间和生态环境。中国传统山水文化视野下的山体设计讲求“高远、深远、平远”的设计法则，《园冶·相地》篇有“园地惟山林最胜”，因为“有高有凹，有曲有深，有峻而悬，有平而坦，自成天然之趣”。从生态学意义上讲，这种起伏变化形成了阴、阳、向背，创造出不同的小气候，为生物提供了多样的栖息环境。

地形产生的生态效应主要是太阳辐射和气流两个因素作用的结果。不同朝向、不同坡度的坡地享受的日照长短和强度都有所不同。总体来说，坡度越缓，日照时间越长；反之，坡度越陡，日照时间越短。据研究测算，在北半球同一纬度同一海拔，2°～5°的北坡日照强度降低25%，6°的北坡日照强度降低50%。向光的坡面有利于植物的光合作用；背光的坡面土壤湿润，是菌类、蕨类植物赖以生存和生长的环境。

地形对气流有阻挡和引导作用。地势的凸起可以阻挡强大的冬季风：几段高地围合出的湿地、峡谷可以引导气流的通行，马蹄形的围合空间还能起到藏风聚气的作用。

我国古代有关地理学、城市史学和军事学等诸多著作中自有“形胜”一说，形胜思想强调山川环境，将城市选址、建设与地理环境的观察进一步扩大到宏观的山川形势，把大地上的山水格局作为有机的连续体来认识和保护。北京西山一带任何开山工程在明代都被明令禁止，这是为了保障山脉不受断损。古人把开山视为不吉利的事，这种意识并非完全迷信，这是基于长期观察经验的累积。生态学同样主张保护山体的连续和完整，切断山体意味着切断自然的过程，物种和营养的流动过程受到破坏，将导致地区的发育不良。

（2）塑造人工地形

人为地塑造地形是为了形成适应多种生物需要的小气候条件。在当今灰色环境占主导的城市中，人工地形塑造能够增加环境的绿化量，因为土山总的坡面积远远大于它的占地面积，为城市中见缝插针的绿地找到可行的扩容出路。沉床式地形处理将小场地隐匿在树荫环绕之下，这样可以与噪声和扬尘相隔绝。设计效仿自然的人工地形，无论其规模多大，它的曲折回转、或脊或谷、虚实相生都为人和其他生物创造了多样的、适宜的生存空间，将生物多样性落到了实处。气流在这里被减速、被冷却，还能有效缓解城市热岛效应。

2. 种植设计

（1）植物群落的构建

在自然界中，很少有植物能够单独生活，多是许多植物在一起占据一定空间和面积，这种在特定空间和时间范围内，具有一定的植物种类组成、一定的外貌及结构、与环境形成一定相互关系并具有特定功能的植物集合体称为植物群落。植物群落有生态学上演替的过程，即经过迁移、群聚、竞争、反应、稳定等过程，一种植物群落会被另一种植物群落所替代。达到稳定状态的群落称为顶级群落，我们的设计就是要建立可以向顶级群落演替的植物群落结构。

值得注意的是，只有植物群落才能发挥最优的生态效益，很多设计中我们看到的不是植物群落，而是植物组合，主要体现在以下方面：城市道路的植物搭配以灌木 + 乔木、草坪 + 乔木为主；高速公路两侧 30 ~ 50 米林带以单一乔木为主；居住区中以草坪 + 少量灌木 + 少量乔木为主；广场绿化以草坪 + 少量灌木为主。这样的植物组合虽然有一定降温、降噪、制造有氧环境的效果，但它往往是脆弱的，长期下来容易导致草坪退化、病虫害增多等后果。

（2）考虑植物间的相生相克影响

植物间的相互生发、相互克制作用是植物生存竞争的一种表现形式。植物生态学中把这种相生相克的影响称为“他感作用”。所谓“他感作用”，是指植物通过体外分泌某些化学物质，从而对邻近植物产生有害或有益的影响。比如，澳大利亚某种桉树会分泌萜烯类化合物，抑制其他植物发根，因此这种桉树周围的其他树很难正常发育。实际上在植物的生命活动中，植物各部分器官会产生近百种化学分泌物，它们通过空气或土壤的传播改变其他植物的生存环境。

相生的植物种在一起可以相互辅助，达到共生共荣的效果。比如，百合和玫瑰种在一起可以延长二者的花期，山茶花和山茶子种在一起可以明显减少霉病，松树、杨树和锦鸡儿的组合也能促进生长。如果了解了这些关系，我们就可以为种植选择提供多一种可能并大大减小人工养护的力度。

相克的植物种在一起则会影响彼此的长势甚至导致死亡，因此要尽量避免种在一起。常见的相克植物有丁香与铃兰、玫瑰与木樨草、绣球与茉莉、大丽菊与月季、松树与接骨木、柏树与橘树等。此外，我们也可对相克关系加以利用，如通过植物抑制蔓生的杂草，从而减少对化学除草剂的依赖。

（3）考虑环境因子对植物的影响

环境中各生态因子对植物的影响是综合的，植物生活在综合的环境因子中，缺乏任何一种因子植物均不可能正常生长。园林植物最主要的生长环境因子包括光照、水分、土壤等。这些因子共同构成了植物生活的复杂环境，植物的生长状况就取决于这个复杂的环境状况。

①光因子

植物依照对光照强度适应程度分为阳性植物、阴性植物和耐阴植物 3 种。

阳性植物在强光环境中才能生长健壮，它要求全日照，在其他条件适合的情况下，不存在光照过强的问题，反而在荫蔽或弱光条件下会发育不良。阴性植物在较弱光照条件下生长良好，因此多生长在背阴处或密林中。耐阴植物在全光照生长最好，但是也能忍耐适度荫蔽，或者在生长期间有段时间需要适度遮阴。

②水因子

水是植物生存的物质条件，也是影响植物形态结构、生长发育、繁殖及种子传播等重要的生态因子。植物对水分的需求和适应呈现出一定的特征，由此产生不同的植物景观。另外，水分也是植物体的重要组成部分，植物对营养物质的吸收和运输以及光合、呼吸、蒸腾等生理作用都必须在有水分的参与下方能进行。

③土壤因子

根据植物对土壤酸碱程度的适应可分为酸性土植物、中性土植物、碱性土植物；根据植物在盐碱土上的发育程度可分为喜盐植物、抗盐植物、耐盐植物。

在实际工作中，对栽植地土壤的详细调研工作是不可忽视的。对土壤状况的准确把握可以为以后的经营管理提供非常有价值的信息，有利于降低生产成本。比如，在客流量大的地段，为减少土壤板结，有必要对土壤进行改造，创造混合土；在混合土中，骨架材料有抗踩踏的能力，细致的材料和空隙度大的材料可以满足根系生长需求。土壤管理应采用多种措施结合的方式，如有意识地引导游客向踩踏抗性强的区域游览，以减轻对其他地段土壤破坏。

（4）对植物群落的梳理

实践证明对植物群落的保护不应停留在放任其生长上，人工的适当疏伐能够促进群落的整体健康。因为疏伐可以改善群落内的环境条件，为植物生长提供更多的空间。有时，自然林地中的植物过于密集，植物对生存空间的竞争过于激烈，这时就要通过人工梳理让一些灌木和草本也能够生长起来，让细高的老树变得粗壮一些。

（三）水景和水系统设计

为什么水令人神往，为什么多数人都有亲水的天性？从表象上讲，水的多变使人精神愉悦。正如宋代郭熙所描述的一样，“其形欲深静，欲柔滑，欲汪洋，欲回环，欲肥腻，欲喷薄，欲激射，欲多泉，欲远流”，能给人带来视、听、触、嗅等丰富的感官体验。从本质上讲，水是生命之源、生存之本。生命体内各项生理活动都需要水的参与，它承担着溶解、运输和代谢物质营养的责任。水还能够调节气候，大气中的水汽可以阻挡地球60%的辐射量，保护地球不致冷却，海洋和陆地水体在夏季能吸收和积累热量，使气温不致过高，在冬季则能缓慢地释放热量，使气温不致过低。多种益处自然让人们对水产生天生的亲近感。

无论在东方还是西方的风景园林设计中，引入水、利用水的有益功效提升环境品质都是朴素的生态表达。然而随着环境压力的增加，园林中的水景和水系统已不再只作为环境升华的设计了，它还要承担清洁、净化环境等务实的任务。符合生态学原理的水景和水系统设计表现为考虑水的运动、水的循环和水生环境的营造三方面内容。

1. 水的运动设计

水，活物也。早在古代，人们就总结出“流水不腐”的经验。这说明水的价值只有在运动中才能体现，否则就是一潭死水，成为发黑变臭、蚊蝇滋生的卫生死角。之所以“流水不腐”，用科学语言来解释就是“曝气”作用的结果。水在运动中与空气的接触面增加，一方面交换出水中的有害气体（如二氧化碳、硫化氢等），防止水变臭；另一方面获取空气中的氧，使水中的溶解氧增加，达到去除有害金属物质（如铁、锰等）及促进需氧微生物活动的目的。

园林设计是对空间的设计，因此通过空间变化创造活水是经济实用的方法。主要方式有以下几种。

（1）高差设计

高差变化是创造活水最直接也是效率最高的方式。瀑布、跌水、喷泉等设施能创造水位落差，将水的势能转化为动能，在产生动态水景的同时增加水体与大气和水底的接触，使水的活力得到释放。

（2）曲直变化

自然界中的河流天然呈现出蜿蜒的形态，使水流在曲折间时急时缓。设计曲直不一、宽窄不同的水道，能促使水在急流中自然曝气、在缓流中沉淀有机物。

（3）障碍物设置

在水中适当布置石头、小品等设施，当水流撞击到障碍物时，水的流速改变、水花飞溅，实现曝气的过程。

2. 水的循环设计

从理论上讲，水是可再生资源，因为水的自然循环过程保持着地球上的水量平衡。在自然界中，水循环起着连接地球各圈层物质能量传送、调节气候变化、塑造地表万象、生产淡水等作用。但是人类的生产活动在不断干扰水的自然循环过程，比如公路、广场、建筑、人工河道等大面积不透水表面阻碍了水的下渗，使降水未经地下循环过程便直接蒸发回空气中，造成了地下水补给不足。又如污水排放超标，超过了水的自净能力范围。

水循环是由多个环节的自然过程构成的复杂动态循环系统。全球性的水循环涉及蒸发、大气水分输送、地表水和地下水循环以及多种形式的水量储蓄等内容。其中，蒸发、径流和降水是水循环过程中的3个最主要环节。对园林设计而言，保持水循环的设计可以在小范围内进行，对水的渗透、水的回收利用等关键问题做特别考虑。

3. 水生环境的营造

单纯的水只能作为生态系统中的无机环境组成，一个完整的生态系统需要无机环境和生物群落共同构成。因此，生态的水景和水系统设计需要动植物和微生物的参与，它们扮演着生态系统中生产者、分解者和消费者的角色。受污染的水可以成为维持水中生物群落正常生长所必需的营养成分，在促进生物和微生物生长的同时净化自己。一些水生植物本身具备吸收金属有害物的功能。水生动物的排泄物和植物新陈代谢脱落出的残花败叶会携带环境中的污染物汇集到景观水中，经过水中微生物的分解，污染物转化为无害的无机物，又被水中的动植物吸收、利用，从而形成生态系统中无机物与有机物间的循环。这种循环使有害物质被分解，能量获得释放。

根据上述原理，生态的水生环境设计可以通过两条途径实现：一是选取适宜的植物材料和动物种类投入水中；二是适时对水中动植物和微生物进行增补或移除，保持水体中各种群数量的均衡。另外，水中的生物群落还可以起到生物监测的作用，一旦水环境中出现生物病态或死亡的现象，说明水质已受污染，警示人们不能在该区域内进行嬉水活动。

（四）驳岸处理

驳岸是河流与陆地的交接处，在这里有多样的物种类型，边缘效应显著。但是人们为了免遭洪水灾害，保护自己的生存空间，不得不通过一些措施割断水陆间的联系。因此，生态的驳岸处理就是在保障行洪速度、保护河岸免受河流冲刷和侵蚀的同时，考虑水陆间物质和营养的交流，增强水文和生态上的联系。更高要求的生态驳岸要在保护的基础上，为多样化的边缘效应创造环境。

1. 传统生态驳岸

驳岸的生态设计和改造自古有之，尽管那时人们还没有将其冠以生态之名。战国时，管子主张“树以荆棘，以固其地，杂之以柏杨，以备决水”。20 世纪初期，人们采用捆扎树枝的技术来稳固黄河沿岸的斜坡，防止洪水侵蚀。德国保护河岸的生物工程技术运用已有百年多的历史。美国有记载的生物工程应用始于 20 世纪二三十年代。这些都体现了朴素的生态观。遗憾的是，随着科学技术的日新月异，这些传统的护岸技术逐渐被人遗忘。

（1）天然材料固岸

在没有水泥合成技术的时代，古代治河工程中就常用树枝等较软的材料来捆埽、堵口。这实际上是利用这些材料的土壤生态改造技术。木桩、梢料捆（梢芟薪柴、秸秆、苇草等材料）、梢料排、椰壳纤维柴笼、可降解生物纤维编织袋等安全无污染，在实际应用中通常将以上措施组合使用。比如，梢料捆和活体木桩是一个加固岸坡的常用组合，椰壳纤维柴笼可以和植物、梢料排等共同使用。

（2）植被护岸

植被护岸最大限度地保留了自然原型，其基本原理是植被根系在土壤中生根发芽后起到的物理固定作用，并且随着植物长高，河岸边还会自然形成遮蔽的树荫，树荫下的水温得到良好控制，水草就不会过度繁衍，为水生动物的栖息和繁殖创造了有利条件。最常见的植被当数柳树，一般做法是将柳条捆扎横放在水边，并用木桩固定，最后覆盖上薄土，几周过后，柳条开始生根，牢牢地抱住土层，从而起到加固河岸的作用。在水流和波浪比较平缓的地方，芦苇等水生植物就可以起作用。但在水流湍急的地带，一般会将活体植物材料（根、茎、枝等）做人工处理以加大固定力度。具体处理手法有捆扎、排柴笼、搭植被格、架木笼墙等。

2. 传统生态驳岸的局限性

传统生态驳岸的做法虽然对环境产生的负担很小，但仍存在很大局限性。

（1）稳定性

可以肯定的是，传统生态驳岸的做法不如水泥硬质驳岸坚固，如果没有大量当地地水环境的基础资料以及多学科专业人士的技术分析做支持，这种驳岸使用需要承担的风险更高。

（2）时间性

等待树枝长成大树需要时间，如果在工程实施不久后就遭遇洪水，那么就需要及时修护损毁的部分，否则将影响到后期使用。

（3）方便性

由于加工植物材料要在植物的休眠期进行，施工时间受季节限制，而且削枝、劈切、捆扎、固定基本靠手工劳作，人力成本较高。

3. 当代常见的生态驳岸

（1）天然石材护岸

天然石材不但有很强的固定作用，而且石块表面有明显的凹凸，石块间的缝隙大，为生物留下了栖息的空间。在水流冲击不是十分剧烈的地方，可以在护岸顶端采用干砌（而不是砂浆）的方式松散地铺砌砖石留出缝隙。当野生植物在缝隙中生长起来后，护岸轮廓的生硬感便会变得模糊起来，逐渐呈现出自然的外貌。

（2）生态混凝土护岸

生态混凝土材料是通过材料筛选、添加功能性添加剂、采用特殊工艺制造出来的混凝土材料。比起普通混凝土材料，生态混凝土中注入了更多酸性物质，如木质醋酸纤维，它能降低水泥的碱性，使周围水环境趋于酸碱平衡。在结构方面，生态混凝土具有较高的孔性和透气透水性。当水流撞击墙体时，水以及其夹杂的营养物质会留在空隙中，起到生物净化的作用。

（五）材料使用

生态系统中每一种物质元素都有其存在的生命周期。近年来，随着国民经济的飞速发展和人们生活水平的不断提高，许多园林建设项目把目标锁定在豪华尊贵、打造精品方面。这些园林的高档奢侈之处最直观地体现在其材料的使用上。这些外表光鲜的材料的确能给使用者带来愉悦的享受，但它们从采集、加工、使用、养护到最终废弃的整个生命周期中都在不断增加环境的负荷。这种用未知的环境代价换取短暂的满足的行为有悖于可持续发展原则，也会影响生态系统中各生命周期的日常运转。

实际上材料本无高低贵贱之分，而是人们强加于不同材料之上的。对某种材料的生态考虑关键在于对其生命周期的认识，也就是从摇篮到坟墓的全过程认识。对于园林设计师而言，由于受专业范围限制，对某种材料的资源摄取量、能源消耗量、有害物质释放量等信息无法做出独立判断，这需要我们向专业人士请教。但是，我们能做的是材料使用上的文章。本书认为，生态的园林材料使用体现在四方面：一是就地取材；二是对传统的环境友好材料进行创新使用；三是对已经造成环境破坏的材料进行循环利用；四是不拒绝高科技生态材料的尝试性使用。

1. 就地取材

每种材料的内涵能量与其原料的开采、制造方法和过程、运输距离的远近有密切关系（陈立《生态危机的对策建筑创作中的5R原则》）。总体来说，异地运输来的材料比本地材料蕴含更多的能量，因为材料运输过程中要大量耗费不可再生能源，会排放废气造成环境污染，并且徒增建设成本。

近年来，交通运输的便利发达实现了人们看世界的愿望，也激起了部分人把世界搬回家的想法。于是，人们为了创造独一无二、高端奢侈的精品园林不远万里去网罗奇才。实际上，地方材料是地域环境的产物，有其存在的合理性，也是塑造地方特色的有力工具。只要设计师用心解读材料，把握好材料的质地、纹理和色彩等特征，同样能化腐朽为神奇，创造出优秀的作品。例如，在位于美国亚利桑那州的菲尼克斯动物园中，坐凳、文化墙、景墙等一系列园林构筑物都以夯实的素土和当地岩石为主要材料打造出来，使园区基调统一并浑然天成。

2. 对传统的环境友好材料进行创新使用

过去，木材、砂石、竹、砖、瓦等天然的或仅简单加工的传统园林材料展现出自然、古朴的造园风尚。随着生产力的快速发展以及加工技术的不断进步，天然的元素变幻出多样的面孔，它们或光洁，或平整，或颜色均匀，或斑斓多彩，给人们带来无限的视觉乐趣。但是，现代加工技术的进步是以能源消耗和环境污染为代价的，机械运作需要燃烧化石燃料，化学染色剂会最终排放到工厂附近的河水里。生态园林建设对设计师提出了更高的要求，要让有限的天然材料呈现出无限的表达形式，要继承和发扬独具智慧的传统技术，通过非工业化流程使平常的材料变得不同寻常。

当代建筑和园林设计中不乏一些重新演绎传统材料和工艺的精彩作品。近年来，石笼墙的广泛应用使天然石块发挥出了更大的作用。石块不需要被打磨成统一的规格和颜色，通过设计所需强度和体量的金属网架装进石块就能达到划分空间和装饰环境的效果，可谓物尽其用。建筑和景观设计师路易斯·巴拉干放弃了化学涂料，用墨西哥当地的花粉和蜗牛壳粉混合以后制成的染料粉饰其房屋和景观，天然无污染，耐久力也不比化学涂料差。

3. 对已经造成环境破坏的材料进行循环利用

对已经造成环境破坏的材料进行循环利用的主张本质上是对生态系统自我更新和再生能力的再认识，因为即使系统的调节和消化能力再强，也承受不了无限制的攫取和堆放。据统计，世界上每年产出的垃圾中，建筑垃圾占到了近一半的比例。比如橡胶、金属、塑料、混凝土这样的材料在生产过程中消耗了大量能量，要使它们分解，需要消耗至少同等的能量，耗费不可估算的时间。但是，小到一颗钉子，大至一架吊车，都可以成为园林创作的素材。当我们有节约资源的意识、有保护环境的责任感时，我们就能充分发挥主观能动性，变废为宝，为重压下的环境多分担一些负荷。

例如，在美国费城的都市供应商海军庭院内，铁轨的残迹、斑驳的混凝土、生锈的金属栅格和工业沉淀物构成了庭院景观的基调。破损的混凝土路面被切割成不规则大块，松散地铺在地面上，其间的缝隙处填满了废置的木材和碎石。本该送入垃圾场的材料得到重生，并创造出了奇妙的景观。在世界上，许多城市的垃圾山被覆上相应的土壤以及植物，经过数年后植物顺利成活了，原来的垃圾山成了景观地形塑造的基础，甚至变为环境优美的游览胜地。

4. 不拒绝高科技生态材料的尝试性使用

高科技生态材料的面貌往往与人们脑子里想象的生态场景有差距。但是，对待生态应该有更全面的考虑，利用新观点、新思想和成熟的新技术、新材料本身就是对生态的追求。建筑师托马斯·赫尔佐格从不反对利用新开发的材料和技术，相反他很赞成，因为有些技术可以利用较少的材料满足同样的功能要求。在德国，无论建筑还是景观中都大量使用钢材和玻璃，因为这些材料施工快捷、施工能耗低、可以循环利用、对场地要求较小、能够适应未来功能的变化，这样的材料在德国得到广泛推广使用。另外，由于自然资源越来越稀少，加上垃圾倾倒和处理的成本日益增高，当今新材料研发的趋势也向着简约、易分解、可多次利用等方向发展，对生态环境的保护已成为全球性的课题。

第四节　生态技术应用于设计实践中的困难

一、风景园林设计中由生态理念引发的问题

（一）社会上的现象

1. 概念炒作，以假乱真

在当今经济高速发展的社会，人们想尽办法广开财路，以致任何新事物的出现都很容易引来一阵热捧，生态也不例外。近年来，随着全球性的生态环境保护宣传力度与日俱增，国际上的生态景观设计比比皆是，导致国内也出现了生态景观设计的跟风。设计师给自己的项目冠以生态的名号，认为自己顺应了园林设计行业的发展趋势及国际大环境的需求，很时髦、很科学，并且具有很强的说服力。对开发商来说，有了生态的标签，货就变得抢手。生态的概念逐渐被炒热了，并且热度持续了十几年依然没有减退的迹象。我们知道，炒作背后需要有真本事来支撑，不然大家看过后，一旦发现没有内容便会很快散场。那么，为何生态设计的热度能持续不减呢？为何几近欺骗的生态园林仍然有人买账呢？本书认为，根本原因在于大家对生态概念存在片面的理解。实际上，多数人的需求只是一个有氧气、有生机、无污染的好环境，这和真正意义上的生态有一定的区别，人们分辨不出真伪。人们买假货为图个便宜是说得通的，如果买贵的假货，只能说明人们以为自己买到真货了。

2. 生态等同于园林绿化

说起生态问题，很多人都会想起绿色、绿化、植被，并把它们与生态画上等号，认为绿化是生态的充分且必要条件。前些年，生态的地位和作用并

没有被公众所熟知，一片草地被冠以生态景观的名义，一座孤岛上栽几棵树就可以称为生态岛。随后许多专家和业内人士出面解释，说明了生态是一个系统层面的概念，单一的生命无法构成生态，单一的绿色也无法等同于生态，发挥不了生态效应的道理，这种现象似乎很少见了。于是，近几年一些开发商请来植物搭配的高手，在绿地上种出高低错落的植物组合，然后打起生态小区的旗号卖出高昂的价格，而这些植物尽是耗费巨资的奇花异木，它们的生长与真实的生态过程完全没有关系，可以说是以生态之名反生态之实。可见公众对生态认识还停留在表面，绿化等同于生态认知并没有被改变多少。

（二）设计行业内的现象

1. 生态独裁化

当《寂静的春天》为人类敲响环境恶化的警钟，当生态学成为一门独立的学科浮出水面，人们开始为寻找可持续的发展模式采取行动。同样采取行动的还有设计界。一时间，生态规划、绿色设计、可持续设计、顺应自然的设计等以生态为核心的规划设计成为建设的主旋律，几乎没有人对以生态理念为主打的设计进行否定，大家在生态意识上达成的高度统一是历史罕见的。带着拯救世界、挽救人类的使命，挂上生态理念的设计不但是正确的，而且是高尚的。对一些设计师来说，生态似乎演变为一种信仰。

2. 生态贵族化

设计界中相当一部分设计师有依靠知识密集、技术密集、资金密集来实现其生态理想的偏好。抛开这些昂贵投资的真实性价比不谈，单是这种贵族风的流行便会引发很多社会问题。一个低碳、节能的居住区每平方米房价要比周边高出近一倍的价格。法国建筑师让·努维尔设计的凯·布朗利博物馆的绿墙以生态著称，并以世界上最昂贵的墙面吸引着各地游客。“生态建筑学”的创始人保罗·索勒里在沙漠中实践的生态城市阿科桑底城用了 30 年时间和上千万美元方完成工程 3% 的建设，这些高档的生态建设以奢侈品的姿态出现在社会中，使好的环境成为只有有钱人才能享受的专属领域，这显然不符合恢复生态环境、造福全人类的生态主义初衷。

3. 追求野态风景

当前，有些设计师存在盲目追求野态风景的倾向。比如在城市公园中完全保留原始的本土野生植物，并放任其生长，不做任何修剪，认为这是一种生态的做法，能获得原汁原味的生态景观。这样的景观在现代化的城市中出现并不合适，毕竟野生植物有观赏性不足、观赏期短、容易招引蚊虫等缺点，到了冬季还会变成一片荒地。所谓的野趣要放在郊野环境中才能得到展示，而城市环境、城市人需要一年四季的好风景，需要享受有别于乡村、有别于自然保护区的风景。

二、生态技术应用于设计实践中的困难

目前，生态技术已经被广泛地应用到园林设计实践中。但在当今社会，园林设计受到多方面因素的制约，所以生态技术应用在很多项目实践中遇到了困难，并没有产生预期的效果。

（一）生态技术的成本问题

生态技术应用于设计实践中的障碍之一是技术的成本过高。以太阳能光电板为例，据称北京市教委将在全市 100 所中学校园中安装太阳能光电板，总投资 1 亿元，也就是说平均每所学校铺设几十平方米就要花费上百万元。如果不是国家投资，很难有学校能承受这样高的开销；同样，设计师希望运用太阳能设备来满足小范围的景观照明，但是开发商宁愿每月支付电费。这说明生态技术的应用普遍存在初期资金投入高、运行所需时间成本高的缺陷。人们不愿意出大价钱去做生态技术，也不愿意花漫长的时间去等待一个不太容易看得见的成果。

虽然现实情况不容乐观，但所幸的是世界上仍有一部分人坚定地看好生态技术的发展潜力。就生态环境与区域经济发展的矛盾而言，有经济学家指出，以不断膨胀的原材料消费为基础的经济增长模式人为地将经济与生态相分离，这种思维方式无论如何也保证不了人类的长足进步。因此，我们有了新的思维方式，它将生态环境的改善作为一种积极的经济动力，将退化和被消耗的环境视为有利条件，使其逐渐成为一个资本积累的前沿领域。这种思维的基础是“退化了的城市生态系统带来的经济机遇可能要比其带来的危害多”。乐观地看，新的思维将带来城市内部的产业转型。事实上，有一项被称作“修复生态学”的新领域已经成为这种新思维下的产物。

（二）生态标准的衡量问题

以太阳能为例，太阳能是真正意义上的清洁能源，它不需要运输并且取之不尽。但太阳能的收集、转化需要大量设备来支撑，这些设备的研发、生产、

运输等环节不可避免地会使用到不可再生能源。同时，太阳能发电的转化率、存储时间等都存在缺陷，实际运行成本非常高。因此，在很多设计师看来，设计中运用太阳能供电实际浪费很大，并不生态。这一方面提醒我们要考虑生态技术实施的总成本，另一方面留下一些疑问，究竟这笔总成本背后的账谁来算仍是个空白，如何算清楚还是道难解的题。由于生态标准存在不好量化的缺陷，大家各有各的主张，眼前利益和长远利益在权衡标准上存在很大分歧。针对这种情况，本书认为应该先向科学工作者请教，世界上已经有很多科研机构专门研究材料的内涵能量、材料的寿命周期评价（LCA）等，对于这些量化的数据，我们可以拿来作为参考。在不确定的情况下要以经济、节约为原则，将负面影响降到最低。

（三）生态技术科学性与园林设计艺术性的矛盾

1. 生态技术影响艺术表现力

艺术化的园林设计与科学的生态技术使用相结合是现今园林设计发展的趋势。但如何让这两部分要素结合起来，达到精彩的效果是我们需要思考的。很多项目的设计把生态技术的科学性和园林设计的艺术性当成两方面进行考虑，人为地割断了它们之间的联系，最后产生了生态技术的应用影响园林设计的美感和趣味性，没有让人享受到生态园林设计所带来的新感受。

要解决这个问题，就需要设计师不断提高自身艺术素养，将精神内涵视为重要的创作源泉，避免浮于表面的语言形式。位于加州圣何塞罗斯福社区的一处雨水过滤景观给了我们很好的启示：屋顶的雨水通过两架水流斜槽装置落入拇指指纹池内，经过岩石的滞留和过滤作用流入生态沼泽中。指纹造型的寓意深刻，它与自然界中的水流、风流和银河系的螺旋形或旋涡形状十分相似，表明人类个体的独特性和源于宇宙万物的同一性间的关系，暗示我们要善待自然。

2. 生态化的艺术效果不为大众所接受

设计师的审美转变往往走在大众前面，造成了生态化的园林设计不为大众所接受的局面。比如在杭州某生态公园建设中，经过专家、学者的反复论证，设计最终选择耐候钢板作为保护生态岛的围合材料，因为它抗腐蚀、荷载小，能够回收利用，并且散发着独特的工业气息，没想到在公园开园之际，有游客却问：“为什么公园完工了，施工钢板还没有拆除？”

即便这样，我们也应该相信这只是暂时的。通常情况下，人们习惯性地维护已有的东西，对新事物的第一反应总是拒绝。这是一个必然的过程。随着时代的进步，符合时代要求的事物会逐渐为人所接受，取代那些不符合时代要求的所谓美的东西。

第五节　风景园林建筑设计引入生态学原理的意义

一、生态学原理是设计遵循的法则之一

风景园林设计的发展变化与社会环境的变迁密不可分。园林产生于官宦和显贵的私家花园，封建社会被民主社会取代后发展为人民的公园，随着拯救生态环境的呼声日益高涨，设计又担负起修复生态环境的责任。设计的服务对象在改变，设计的手法也在推陈出新。从单纯的美学原则到融入大众行为心理，从挖掘历史文化到保护自然资源，园林设计所结合的内容不断丰富，设计遵循的法则也不断扩充。

所谓原理，指自然科学和社会科学中具有普遍意义的基本规律，它是在大量观察、实践的基础上，经过归纳、概括而得出的结论。生态学原理在风景园林设计中的地位和美学原理、社会心理学原理等是相同的，是设计中可以遵循的法则之一。但相较设计中常用的美学原理而言，生态学原理本身的客观性更强，它不是一个朦胧的概念，而是具有科学性，这也是生态学原理在设计中所体现的地位更突出的原因之一。

二、生态学原理开启了新的设计认知

不断恶化的全球生态状况成了人们迫在眉睫的担忧。从《设计结合自然》这一著作的出现开始，规划设计中生态学原理的引入就成为迈向补救道路上的出发点。设计方法论中所固有的创造过程突然间获得了一些来自科学界的关注与信赖。时至今日，我们对环境问题的讨论已经不是什么新鲜事，只是迫切性又增加了。随着人地关系被重新重视，城市生态系统日趋复杂化，科学和设计都被新的现实所迫而卷入新的关系中，体现为自然科学的城市化与设计的科学化。为了应对新的问题集群和科学界限，包括科技、设计甚至商业等在内的新的学术混合体正在诞生，并且刻意模糊彼此。这种做法的势头正围绕着环境恶化问题在迅速加剧。设计行业的发展方向已被现实所牵引，

而不只是新的吸引力，也许设计需要像自然科学那样，探索过去几十年内已涵盖的领域，甚至更多。

第六节　生态原理下风景园林建筑的特性

一、风景园林建筑的功能性

建筑功能是指建筑的使用要求和使用目的。风景园林建筑以点景、观景等为使用目的，以满足人的休憩和文化娱乐生活需求为使用要求。

风景园林建筑与其他建筑类型一样，单一的房间或空间是其组成的最基本单位，其形式包括空间的大小、形状、比例以及门窗设置等这些都必须适用于一定的功能要求。每个房间或空间正是由于功能使用要求不同而保持着各自的独特形式，就像居住空间不同于餐饮空间一样，建筑的功能制约着建筑的空间。但是，建筑功能的合理性并不只表现为单个房间或空间的合理程度。对一栋完整的建筑来说，功能的合理性还表现在房间与房间之间空间组合的合理性，也就是说功能对空间既有规定性又有灵活性。要满足风景园林建筑的功能，就需要满足以下基本要求。

（一）人体活动尺度的要求

人们在建筑所形成的空间内活动，人体的各种活动尺度与建筑空间具有十分密切的关系，为了满足使用活动的需要，应该先熟悉人体活动的一些基本尺度。

（二）人的生理要求

人的生理要求主要包括对建筑物的朝向、保温、防潮、隔热、隔声、通风、采光、照明等方面的要求，它们都是满足人们生产或生活所必需的条件。

（三）使用过程和特点的要求

人们在各种类型的建筑中活动，经常是按照一定顺序进行的。

二、风景园林建筑的空间性

对人来说，建筑真正具有价值的不是其本身的实体外壳，“空间”是建筑的本质，是建筑的生命。因此，领会空间、感受空间就成为认识建筑的关键。

建筑空间同风景园林建筑空间一样是一种人为的空间。墙、地面、屋顶、门窗等围成建筑的内部空间；建筑物与建筑物之间，建筑物与周围环境中的树木、山峦、水面、街道、广场等形成建筑的外部空间。风景园林建筑及其周围环境所提供的内部和外部空间就是为了满足人们各种各样的休闲娱乐需求。

取得合乎使用要求和审美需求的室内外空间是设计和建造风景园林建筑的根本目的，强调空间的重要性和对空间的系统研究是近代建筑发展中的一个重要特点。建筑日趋复杂的功能要求、建造技术和材料的不断变化为设计师对建筑室内外空间的探讨提供了更多的可能，特别是风景园林建筑不仅要求灵活的室内空间，还需要丰富的室外空间，从而在空间功能和空间艺术两方面较传统园林建筑取得新的进展和突破。

首先，建筑类型繁多、功能多样，要解决好建筑的使用问题，特别是风景园林建筑日趋多样和复杂的功能，就必须对其各个组成部分进行周密的分析，通过设计把它们转化为各种使用空间。就一定意义而言，各种不同的功能要求实际是根据其功能关系的不同，对内部各空间的形状、大小、数量、彼此关系等所进行的一系列合理的组织与安排。墙体、地面、顶棚等则是获得这些空间的手段。因而，可以说空间的组织是建筑功能的集中体现。

其次，在建筑艺术表现方面，风景园林建筑不但把建筑本身视为一种造型艺术，在式样风格、形体组合、墙面划分以及装饰细节等方面也将其作为设计的重点，而且更加强调其空间意义。建筑与风景园林一样是空间的艺术，是由空间中的长、宽、高向度与人活动于其中的时间向度共同构成的时空艺术。空间是建筑艺术及风景园林艺术最重要的内涵，因此风景园林建筑对空间性的重视程度是它区别于其他艺术门类的根本特征。

三、风景园林建筑的技术性

能否获得某种形式的空间不仅取决于人们的主观愿望，还取决于工程结构和物质技术条件的发展水平。矛盾是一切事物发展的源泉和动力。物质技术条件与建筑空间就是矛盾的两个方面，当两者不能相互满足时，就会产生矛盾，这个矛盾又会促进彼此的发展。正是建筑的物质技术条件的不断发展，才出现了能够满足更多、更复杂功能的结构形式，从而使人类建造复杂建筑成为可能。同时，人类对建筑多功能需求的不断增长促进了建筑的物质技术条件的不断进步。

此外，建筑作为一门艺术，与其他艺术门类的一个显著的不同就是建筑的技术性。良好的技术是一个优秀建筑的必要非充分条件。

建筑的物质技术条件主要是指房屋用什么建造和怎样去建造的问题。它一般包括建筑的材料、结构、施工技术和建筑中的各种设备等。

（一）建筑结构

结构是建筑的骨架，它为建筑提供合乎使用的空间并承受建筑物的全部荷载，抵抗由于风雪、地震、土壤沉陷、温度变化等可能对建筑引起的损坏。结构的坚固程度直接影响建筑物的安全和寿命。

柱、梁板和拱券结构是人类最早采用的两种结构形式，由于天然材料的限制，当时没有获得很大的发展空间。而利用钢和钢筋混凝土可以使梁和拱的跨度大大增加，它们仍然是目前常用的结构形式。

随着科学技术的进步，人们能够对结构的受力情况进行分析和计算，相继出现了桁架、钢架和悬挑结构。

大自然中有许多非常科学合理的“结构”。生物要保持自己的形态，就需要一定的强度、刚度和稳定性，它们往往是既坚固又最节省材料的。高强度的钢材、可塑性强的混凝土以及各种各样的塑胶合成材料，使人们从大自然的启示中创造出诸如壳体、折板、悬索、充气等多种多样的新型结构，为建筑获得灵活多样的空间提供了条件。

风景园林建筑较其他建筑而言，其更多的自然属性以及与自然环境的天然联系，必然要求其结构设计趋向自然、融入自然。

（二）建筑材料

建筑材料对结构的发展有着重要的意义。砖的出现使拱券结构得以发展；钢和水泥的出现促进了高层框架结构和大跨度空间结构的发展；塑胶材料则带来了面目全新的充气建筑。同样，材料对建筑的装修和构造也十分重要，玻璃的出现给建筑的采光带来了方便，油毡的出现解决了平屋顶的防水问题，胶合板和各种其他材料的饰面板则正在取代各种抹灰中的湿操作。

建筑材料基本可分为天然的和非天然的两大类，它们各自又包括了很多不同的品种，为了更好地进行风景园林建筑设计，应该了解建筑对材料有哪些要求以及各种不同材料的特性。

（三）建筑施工

建筑物通过施工把设计变为现实。建筑施工一般包括两个方面：①施工技术人员的操作熟练程度、施工工具和机械、施工方法等；②施工组织材料的运输、进度的安排、人力的调配等。

由于建筑的体量庞大、类型繁多，同时具有艺术创作的特点，多个世纪以来，建筑施工一直处于手工业和半手工业状态，到21世纪初建筑才开始机械化、工厂化和装配化的进程。

装配化、机械化和工厂化可以大大加快建筑施工的速度。对于风景园林建筑来说，大多数风景园林建筑的建设地点位于生态环境相对脆弱和敏感的区域，装配化、机械化和工厂化的建设模式可以最大限度地避免在风景园林规划建设时对自然生态环境造成不可补救的破坏，从而达到风景园林建设的最终目的——保护生态环境。

建筑设计中的一切意图和设想最后都要受到施工实际的检验。因此，设计工作者不但要在设计工作之前周密地考虑建筑的施工方案，而且应该经常深入现场、了解施工情况，以便协同施工单位共同解决施工过程中可能出现的各种问题。风景园林建筑设计尤其如此，在自然风景区等对外力介入非常敏感的地区进行风景园林建筑设计，更应该注重从建筑技术方案的选择到材料的准确应用再到现场施工环节的跟踪指导等全过程的参与决策，将工程建设对环境的负面影响降到最低。

四、风景园林建筑的艺术性

建筑艺术性可以简单地解释为建筑的观感或美观问题。建筑构成了人们日常生活的物质环境，同时以其艺术形象给人以精神上的感受。例如，绘画通过颜色和线条表现形象，音乐通过音阶和旋律表现形象。

建筑及风景园林建筑有可供使用的空间，这是其区别于其他造型艺术的最大特点。和建筑空间相对存在的是它的实体所表现出的形和线。光线和阴影（天然光或人工光）能够加强建筑形体的起伏凹凸的感觉，从而增强建筑形体的艺术表现力，这就是构成建筑及风景园林建筑艺术性的基本手段。古往今来，许多优秀的设计师正是巧妙地运用这些表现手段创造了许多优美的建筑艺术形象。和其他造型艺术一样，建筑艺术性的问题涉及文化传统、民族风格、社会思想意识等多方面的因素，并不单纯是一个美观的问题，但一个良好的建筑艺术形象，首先应该是美观的。为了便于初学者入门，下面介绍在运用这些表现手段时应该注意的一些基本原则，包括比例、尺度、对比、韵律、均衡、稳定等。

（一）比例

比例指建筑的大小、高矮、长短、宽窄、厚薄、深浅等的比较关系。建筑的整体、建筑各部分之间以及各部分自身都存在着这种比较关系，犹如人的身体有高矮、胖瘦等总的体形比例，又有头部与四肢、上肢与下肢的比较关系，而头部本身又有五官位置的比例。

（二）尺度

尺度主要是指由建筑与人体之间的大小关系和建筑各部分之间的大小关系形成的一种大小感。建筑中有一些构件是人经常接触或使用的，人们熟悉它们的尺寸大小，如门扇一般高为2 ~ 25米、窗台或栏杆一般高为90厘米等。这些构件就像悬挂在建筑物上的尺子一样，人们会习惯性地通过它们衡量建筑物的大小。

（三）对比

事物总是通过比较而存在，艺术上的对比手法可以达到强调和夸张的作用。对比需要一定的前提，即对比的双方总是要针对某一共同的因素或方面进行比较。例如建筑形象中方与圆形状的对比、光滑与粗糙材料质地的对比、水平与垂直方向的对比，其他如光与影、虚与实的对比等。在建筑设计中成功地运用对比可以取得丰富多彩或突出重点的效果。反之，不恰当的对比则可能显得杂乱无章。

在艺术手法中，对比的反义词是调和，调和也可以看成极微弱的对比。在艺术处理中常常用形状、色彩等的过渡和呼应减弱对比的程度。调和容易使人感到统一和完美，但处理不当会使人感到单调、呆板。

（四）韵律

如果人们认真观察一下大自然，如大自然的波涛、一棵树的枝叶、一片小小的雪花，就会发现它们有想象不到的构造，它们有规律的排列和重复的变化，犹如乐曲中的节奏一般给人一种明显的韵律感。建筑中的许多部分也常常是按一定的规律重复出现的，如窗子与阳台和墙面的重复、柱与空廊的重复等都会产生一定的韵律感。

（五）均衡

建筑的均衡问题主要是指建筑的前后左右各部分之间的关系要给人安

定、平衡和完整的感觉。均衡最容易用对称的布置方式获得，也可以用一边高起一边平铺，或一边一个大体积另一边几个小体积等方法取得。这两种均衡给人的艺术感受不同，一般来说，前者较易取得严肃庄重的效果，而后者较易取得轻快活泼的效果。

（六）稳定

稳定主要是指建筑物的上下关系在造型上所产生的艺术效果。人们根据日常生活经验，知道物体的稳定和它的重心位置有关，当建筑物的形体重心不超出其底面积时，可较好地取得稳定感。上小下大造型的稳定感强烈，常被用于纪念性建筑。

建筑造型的稳定感还来自人们对自然形态（如树木、山石）和材料质感的联想。随着建造技术的进步，取得稳定感的具体手法也不断丰富，如在近代建筑中还常通过表现材料的力学性能、结构的受力合理等取得造型上的稳定感。

第三章　生态园林景观艺术设计程序

第一节　园林景观规划设计流程

如今，现代园林景观设计呈现出一种开放性、多元化的趋势。对于园林景观设计师来说，每个园林景观项目都有其特殊性，但园林景观的各个设计项目都要经历一个由浅到深、从粗到细、不断完善的过程，设计过程中的许多阶段都是息息相关的，分析和考虑的问题也都有一定的相似性。

园林景观设计的程序是指在从事一个景观设计项目时，设计者从策划、选址、场地分析、概念规划、影响评价、综合分析、施工和运行等一系列工作的方法和顺序。

一、策划

首先要理解项目的特点，编制一个全面的计划。经过研究和调查，列出一个准确而翔实的要求清单作为设计的基础。最好向业主、潜在用户、维护人员、同类项目的规划人员等所有参与人员咨询，然后在以往实例中寻求适用方案，前瞻性地预想新技术、新材料和新规划理论的改进方法。

二、选址

首先，将计划中必要或有益的场地特征罗列出来；其次，寻找和筛选场址范围。在这一阶段，有些资料是有益的，例如地质测量图、航空和遥感照片、道路图、交通运输图、规划用途数据、区划图、地图册，以及各种规模、比例的城市规划图纸。在此基础上，选定最为理想的场所。一个理想的场地可通过最小的变动，最大限度地满足项目要求。

三、场地分析

场地分析中最为主要的是通过现场考察来对资料进行补充，尽量把握好对场地的印象、场地和周边环境的关系，以及场地现有的景观资源、地形地貌、树木和水源，归纳出需要尽可能保留的特征和需要摈弃或改善的特征。

四、概念规划

在这一过程中各专业人员的合作至关重要，建筑师、景观师、工程师应对策划方案相互启发和纠正。由组织者在各方面协调，最终完成统一的表达，并在提出的主题设计思想中尽可能地予以帮助。细致地研究建筑物与自然和人工景观的相互关系，在经过这一轮改进之后，最终形成场地构筑物图。

五、影响评价

在对所有因素都予以考虑之后，总结这个开发的项目可能带来的所有负面效应和可能的补救措施，所有由项目创造的积极价值，以及其在规划过程中得到加强的措施、进行建设的理由，如果负面作用大于益处，则应该建议不进行该项目。

六、综合分析

在草案研究基础上，进一步对方案的优缺点及纯收益做比较分析，得出最佳方案，并转化成初步规划和费用估算。

七、施工和运行

在这一阶段，景观设计师应充分监督和观察，并注意收集人们使用后的反馈意见。

这个设计流程有较强的现实指导意义，在小型景观的设计中，对于其中的步骤可以相对地进行一些简化和合并，加快设计周期和运作以完成项目。

第二节　园林景观规划设计具体步骤

目前较为通用的园林景观设计过程可划分为 6 个阶段。

一、任务书阶段

任务书是以文字说明为主的文件。在本阶段，设计人员作为设计方（也称“乙方”），在与建设项目业主（也称“甲方”）初步接触时，应充分了解任务书的内容，这些内容往往是整个设计的根本依据。任务书内容包括设计委托方的具体要求和愿望，对设计要求的造价和时间期限等。要了解整个项目的概况，包括建设规模、投资规模、可持续发展等方面，特别要了解这个项目的总体框架方向和基本实施内容。总体框架方向确定了这个项目的性质、基本实施内容以及场地的服务对象。这些内容往往是整个设计的根本依据，从中可以确定哪些值得进行深入细致的调查和分析，哪些只需做一般的了解。在任务书阶段很少用到图形，常用以文字说明为主的文件，在对业主和使用者的需求分析结论出来之前，它们是不会完全相容的。

二、基地调查和分析阶段

在这一阶段，甲方会同规划设计师至基地现场踏勘，收集规划设计前必须掌握的与基地有关的原始资料，并且补充和完善不完整的内容，对整个基地及环境状况进行综合分析。

对地形因素最好同时进行总体研究，以确定是否需要实施改造以提供排水系统和可利用空间。当规划完成的时候，所有这些都将被细化。此外，还要在总体和一些特殊的基地地块内进行拍照，将实地现状带回去研究，以便加深对基地的感性认识。

对收集的资料和分析的结果应尽量用图形、表格或图解的方式表示，通常用基地资料图记录调查的内容，用基地分析图表示分析的结果。项目用地按照设计分析结果选择满足功能的可用部分，并进行必要地带的改造规划，然后规划出遮阴、防风、屏障和围合空间区域，但是不用选择任何具体材质。

三、方案设计阶段

在进行总体规划构思时，要对业主提出的项目总体定位做一个构想，并与抽象的文化意义以及深层的社会、生态目标相结合，同时必须考虑将设计任务书中的规划内容融入有形的规划构图中。方案设计阶段对整个园林景观设计过程所起的作用是指导性的，要综合考虑任务书所要求的内容和基地及环境条件，提出一些方案构思和设想，权衡利弊，确定一个较好的方案或几个方案构思所拼合成的综合方案，最后加以完善，完成初步设计。

这一阶段的工作主要是进行功能分区，也应考虑所有环路的设计。同样，最好也是只确定人行道、车道、内院等的大体形状和尺寸，而无须确定具体用哪种表面，美观的问题可以之后再考虑。

构思草图只是一个初步的规划轮廓，当对空间区域的大小、形状、环境需求、环路有了总体的设想之后，再来考虑设计中的美学因素。这个时候，设计变得更加具体，需要决定是使用廊架还是树木来遮阴，是用墙、围栏、树篱还是植物群做屏障等。当选择了地面铺装材料并确定了分界线后，地面的形式便确定了，而材质的选择则是设计过程的最终阶段。

在一个设计中，将所有的园林景观元素（如质地、色彩、形式）有机地融合在一起，可形成具有视觉美感、满足功能需求的园林空间。然后根据商讨结果对方案进行修改和调整。

一旦初步方案确定下来后，就要全面地对整个方案进行各方面详细的设计，包括确定准确的形状、尺寸、色彩和材料，完成各局部详细的平面图、立面图、剖面图和详图、园景的透视图以及表现整体设计的鸟瞰图。

四、施工图阶段

施工图阶段是将设计与施工连接起来的环节。根据所设计的方案，结合各工种的要求分别绘制出能具体、准确地指导施工的各种图纸。

五、施工指导阶段

本阶段可按评估体系对施工进行指导。

第三节　园林景观规划设计创作思维

风景园林规划设计是一个由浅入深、从粗到细、不断完善的过程，设计者应先进行基地调研，熟悉场地的视觉环境与文化环境，然后对与设计相关的内容进行分析和概括，最后拿出合理的方案，完成设计。这种先调研、再分析、最后综合的设计过程可分为 5 个阶段：设计场地实地调研分析、构思立意、功能图解、推敲形式、空间设计。其中更注重对后 4 个方面要点的掌握，下面将重点论述。

一、设计之初的构想理念

构想理念是风景园林的灵魂，是具有挑战性和创造性的活动。如果没有构想理念的指导，后期的设计工作往往是徒劳的。设计的构思立意来源于对场地的分析、对历史发展文脉的研究、解决社会矛盾以及大众思想启迪等多方面，具体可分为两个方面：一个是抽象的哲学性理念，另一个是具象的功能性理念。

（一）抽象的哲学性理念

哲学理念是通过设计表达场所的本质特征、根本宗旨和潜在特点。这种立意赋予场所特有的精神，使风景园林具有超出美学和功能之外的特殊意义。如果设计植根于一个强有力的哲学理念，将产生强烈的认同感，使人们在经历、体验这样一个景观空间后，能感受到景观所表达的情感，从而引起人的共鸣。设计师需要发现并且揭示这种精神的特征，进而明确空间如何使用，并巧妙地把它融入有目的的使用和特定的设计形式中。

抽象的哲学性理念来源于许多方面，如受哲学思想影响的东方园林，运用景观艺术营造出诗画般的意境空间；受现代艺术影响的风景园林，直接从绘画中借鉴灵感来源，用抽象的具有象征意义的手法来表现景观空间的特质；还有的从历史文脉入手，创造出具有民族文化特点的作品；等等。下面列举几个方面的哲学性理念，来探讨其在风景园林中的具体应用。

1. 从历史文脉中获取灵感

人类创造历史的同时也创造了灿烂的文化。每个国家、每个民族都有其自身的独特文明。文化的美积淀了一个国家、一个民族的传统习惯和审美价值，它包含了人类对生活理想的追求和美好向往。如今各国家间的交流越来越频繁，这就造成了民族文化的缺失，在巴黎、纽约、北京看到的现代建筑和景观都是非常相似的，毫无城市特色可言。

所以，从文化角度出发设计具有民族文化的作品势在必行。

巴西园林受西方传统园林影响保留对称设计，显得索然无味且千篇一律。但是布雷·马克斯意识到，巴西本土植物在庭院中是大有可为的，由此引发了他从历史文脉中探寻设计之路的想法。布雷·马克斯的风景园林平面形式强烈，创造了适合巴西的气候特点和植物材料的风格，开辟了巴西风景园林的新天地，如柯帕卡帕那海滨大道。巴西的传统建筑是漂亮的葡萄牙式建筑，瓷砖贴面装饰着院墙、商店和房子的入口，黑、白、棕色马赛克铺就的路面，传统的地域风情给了布雷·马克斯创作灵感。他用当地出产的棕、黑、白三色马赛克在人行道上铺出精彩图案。海边的步行道用黑、白两色铺设成具有葡萄牙传统风格的波纹状。布雷·马克斯的设计不单纯是对于传统的模仿，而是把传统用现代艺术的语言表达出来，其作品本身就是一幅巨大的抽象绘画，他用传统的马赛克将抽象绘画艺术表现得淋漓尽致。

2. 隐喻象征手法的运用

隐喻属于一种二重结构，主要表现为显在的表象与隐在的意义的叠合；象征是一种符号，象征的呈现并不单纯表现其本身，通常有着更深层的意义。隐喻象征的手法给景观增添了很多情趣，不同的人对于带有隐喻的设计符号的景观给予不同的解释，给空间带来独特的内涵，如哈普林在加利福尼亚州旧金山设计的内河码头广场喷泉，它是由一些弯曲的、折断的矩形柱状体组成的。作为城市经历了剧烈地震所造成的混乱和破坏的象征物，它提醒人们这座城市坐落在不良的地质带上。还有的设计师用圆形来隐喻生命的周期，如位于伦敦海德公园里的戴安娜王妃纪念喷泉。它是一个巨大的环形喷泉，设计者用圆形象征生命的轮回，喷泉其中一面的水潺潺而流，象征戴安娜王妃生命中快乐的日子；而另一面则是翻腾的水流夹带着小石子，象征戴安娜王妃生命中喧嚣的时刻；喷泉两面不同速度的水流最终汇聚在平静的水池中，象征戴安娜王妃现在的宁静。

3. 场所精神的体现

场所精神是根植于场地自然特征之上的，对其包含及可能包含的人文思想与情感的提取与注入，是一个时间与空间、人与自然、现世与历史纠缠在一起的，留有人的思想、感情烙印的“心理化地图”。中国的古典园林讲求的意境就是一种场所精神的表现，把自然山水与人的思想融合，从而使园林的美不只停留在审美的表象，而具有更深的内涵，形成了一种情感上的升华。肯尼迪纪念花园的设计也是体现场所精神的一个作品。

（二）具象的功能性理念

具象的功能性理念是指设计的立意源自解决特定的实际问题，如减少土壤侵蚀、改善排水不良地面、保护生态、减少经济投入等问题，具有积极的现实意义。解决这些问题可能不像哲学性理念那样有一个很明确的场所情感，但它却常影响最终的设计形式。

具象的功能性理念在风景园林中主要体现在以下几方面。

1. 从解决场地的实际问题入手

场地的实地调研是设计的基础，往往也是设计灵感的来源。因为在调研时设计师对场地就产生了感知，也就是说设计师已经品读了场地的“气质”，这可能刺激设计的灵感。在调研过程中通过分析得到场地的地域地貌特征有被保留利用的积极因素，也有给设计造成困难的不确定元素，而这些问题就需要设计师从解决实际问题入手。有的利用场地保留的元素做“文章”，也有的把目光放在了那些给设计造成困难的不确定元素上。如沈阳建筑大学建筑研究所设计的大连龙王塘樱花园项目，它的设计理念正是来源于基地中最大的“困难”。樱花园坐落在一条南北走向的山谷之中，它的北面是大连龙王塘水库大堤，当年日本人在山谷中修水库、筑堤坝，又在大坝南侧种植了大片的樱花树。恰在这青山碧谷的正中间，日本人修筑了一条最宽处达50米的人工泄洪渠，渠深2～3米，宽大而笔直，从水库大坝“旁若无人”地一直通向南面的大海。尽管建成后几十年从未用它泄过洪，但只要有水库就不能不保留这条“无用”却又不得不“有”的“旱渠”。它像一条十分显眼的疤痕，令这片天赐的山水为之失色。设计的关键之处在于对泄洪渠问题的解决。它的位置居中，占地达4万平方米，若无合理而巧妙的处理，整个项目的设计效果就无从谈起。解决这个设计难题的方法归纳起来大致分成两种类型：“移位法”——将渠移到东侧或西侧的山脚下，沿山而行，腾出完整的谷中空间供建设需要；“注水法”——将渠中注满水，化不利为有利，使它成为谷内景观中心。这两类处理方式各有所长，但是巨大的土方工程或注水量都是难以实现的，更何况渠底高差达5米多，要注水就必须设橡皮坝，如此又将影响必要时的泄洪功能。设计师吸纳了中国传统艺术中的“意境设计”手法——以“虚”代“实”，以“无”喻“有”，以“旱河景观”的构思体现“江南水乡”的意境。恰似中国画的写意留白，无须画水，仅以船虾、鸭示意水景；又如京剧表演，无须实景，仅以扬鞭示意骑马，以抬步示意登城。这个设计以渠底的局部浅池、岸壁瀑布、波形铺地示意水流，配合临水建筑和绿化小品，形成一幅“此处无水胜有水”的“旱河水乡”画面，并将这条旱河命名为“生命谷”，赋予它以休闲和体育活动为内容的功能主题。设计师在渠内设置多种休闲与运动场地，允许人们进入其中休憩、锻炼、游戏。人是活动因素，能在洪水警戒期安全、迅速地撤离，既不影响泄洪要求，又赋予它以新的生命与活力。由于设计的立意是根植于解决场地实际问题，把不利的因素通过设计立意巧妙地转化，反而成为设计的一大特色。

2. 从改善社会现实问题入手

风景园林师通常都是社会活动家，对于社会有着强烈的责任感，对于社会环境的变迁保持着敏锐的触角。风景园林根本的意图就是提升人类的生存环境质量，缓解社会问题。许多设计作品的立意是从改善社会现实问题的角度出发的。第二次世界大战结束后，美国社会处在巨大的变化之中，大量退伍军人的涌入使城市人口大大增加，面对城市环境的恶化，中产阶层家庭逐渐迁移到市郊。美国与欧洲国家不同，欧洲国家由于历史原因，稠密的城市与丰富的广场并存，而美国的城市大多是繁杂、拥挤的地方，只有极少的开放空间。在这种生活环境下，设计师面临巨大的机遇和挑战。劳伦斯·哈普林通过对社会现状的思考，尝试在都市尺度和人造环境中依据他对自然的体验来进行设计，将人工化的自然要素插入环境，以此来改善社会环境质量恶化的局面。他为波特兰市设计了一组广场和绿地，三个广场由一系列已建成的人行林荫道来连接。爱悦广场是这一系列的第一站，是为公众参与而设计的一个活泼而令人振奋的中心。广场的喷泉吸引人们进入其中，从而发掘出对瀑布的感觉。喷泉周围是不规则的折线台地。系列的第二个节点是柏蒂格罗夫公园。这是一个供人们休息的安静而青葱的多树荫地区，曲线的道路分割了一个个隆起的小丘，路边的座椅透出安详休闲的气氛。波特兰系列的最后一站是演讲堂前庭广场，这是整个系列的高潮。混凝土块组成的方形广场的上方，一连串的清澈水流自上层开始以激流涌出，从 24 米宽、5 米高的峭壁上笔直泻下，汇集到下方的水池中。爱悦广场的生气勃勃，柏蒂格罗夫公园的松弛宁静，演讲堂前庭广场的雄伟有力，三者互相形成了对比又互为衬托。对劳伦斯·哈普林来说，波特兰系列广场所展现的是他对自然的独特理解：爱悦广场的不规则台地，是自然等高线的简化；广场上休息廊的不规则屋顶，来自对落基山山脊线的印象；喷泉的水流轨迹，是他反复研究加州席尔拉山山间溪流的结果；而演讲堂前庭广场的大瀑布，更是对美国西部悬崖与台地的大胆联想。他设计的岩石和瀑布不仅是景观，也是人们游憩的场所。

3. 从生态保护角度入手

风景园林师要处理的对象是土地综合体的复杂问题，他们所面临的问题是土地、人类、城市和一切生命的安全与健康以及可持续发展的问题。很多的风景园林师在设计中遵循生态的原则，遵循生命的规律，并以此为设计的立意之本。如反映生物的区域性；顺应基址的自然条件，合理利用土壤、植被和其他自然资源；依靠可再生能源，充分利用日光、自然通风和降水；选用当地的材料，特别是注重乡土植物的运用；注重材料的循环使用并利用废弃的材料以减少对能源的消耗；等等。由德国慕尼黑工业大学教授彼得·拉茨设计的杜伊斯堡风景公园就是一个生态设计成功的例子。

杜伊斯堡风景公园坐落于杜伊斯堡市北部，这里曾经是一个有百年历史的钢铁厂，尽管这座钢铁厂在历史上曾辉煌一时，但它却无法抗拒产业的衰落而于 1985 年关闭了，无数的老工业厂房和构筑物很快淹没于野草之中。1989 年，政府决定将工厂改造为公园。彼得·拉茨的事务所从 1990 年起开始从事风景园林工作，经过数年努力，1994 年公园部分建成并开放。规划之初，小组面临的最关键问题是如何处理这些工厂遗留物，如庞大的建筑和货棚、矿渣堆、烟囱、鼓风炉、铁路、桥梁、沉淀池等，能否使它们真正成为公园建造的基础？如果答案是肯定的，又怎样使这些已经无用的构筑物融入今天的生活和公园的景观之中？彼得·拉茨的设计思想理性而清晰，他要用生态理念处理这片破碎的地段。首先，处理公园的方法不是努力掩饰这些破碎的景观，而是寻求对这些旧有的景观结构和要素的重新解释。对上述工厂中的构筑物都予以保留，部分构筑物被赋予了新的使用功能。高炉等工业设施可以让游人安全地攀登、眺望，废弃的高架铁路可改造成为公园中的游步道，高高的混凝土墙体可成为攀岩训练场，并被处理为大地艺术作品。设计从未掩饰历史，任何地方都可以让人们去看、去感受历史，建筑及工程构筑物都作为工业时代的纪念物被保留下来，它们不再是丑陋难看的废墟，而是如同风景园中的点景物供人们欣赏。其次，工厂中的植被均得以保留，荒草也任其自由生长，工厂中原有的废弃材料也得到了尽可能的利用。红砖磨碎后可以用作红色混凝土的部分材料，厂区堆积的焦炭、矿渣可成为一些植物生长的介质或地面面层的材料，工厂遗留的大型铁板可成为广场的铺装材料。此外，水可以循环利用，污水被处理，雨水被收集，引至工厂中原有的冷却槽和沉淀池，经澄清过滤后流入埃姆舍河。彼得·拉茨最大限度地保留了工厂的历史信息，利用原有的“废料”塑造公园的景观，从而最大限度地减少了对新材料的需求，减少了对生产材料所需能源的索取。这些景观层自成系统，各自独立按风景园林原理连续地存在，只在某些特定点上用一些要素，如坡道、台阶、平台和花园，将它们连接起来，以获得视觉、功能、象征上的联系。

设计立意往往来自对场地的详细了解与分析。场地条件包括思想上的和物质上的，也包括自然方面的和人文方面的，它往往是形成立意与产生灵感的基础。生活中还有很多方面能够激发设计师的创作灵感，如现代风景园林兴起初期，设计师从现代建筑和艺术的理论作品中汲取创作的养分。但值得注意的是，风景园林的立意应该是积极的，能够对社会发展起到促进作用，那种只为标新立异而毫无价值的立意应该避免。举个例子，一个水龙头一直以来都是顺时针旋转关闭，逆时针旋转开启。你可以改变它的样子和材料，也可以改变它的开启方式，如上下开启、电子开启，这些可以称为创新，但如果你还保留旋转的开启方式，却非要把它变成逆时针关闭，顺时针开启，这就不是一种创新，而是盲目地哗众取宠，因为它违背了常规的使用习惯，不仅没有为生活带来便利，反倒造成了麻烦，没有任何意义。

二、设计图解分析

在确定了设计立意之后，还应该根据设计内容进行功能图解与分析。每个风景园林都有特定的使用目的和基地条件，使用目的决定了风景园林所包括的内容，这些内容有各自的特点和不同的要求，因此需要结合基地条件合理地进行安排和布置，一方面为具有特定功能的内容安排相适应的基地位置，另一方面为某种基地布置恰当内容。尽可能地减少功能矛盾，避免动静分区交叉冲突。风景园林功能分析有如下几方面的内容：①找出各使用区之间理想的功能关系；②在基地调查和分析的基础上合理利用基地现状条件；③精心安排和组织空间序列。

（一）定义与目的

功能图解是一种随手勾画的草图，它可以用许多气泡图形和图解符号形象地表示出设计任务书中要求的各元素之间以及与基地现状之间的关系。功能图解以符号形象地表示出基地分析和基地设计条件图（而不是基地详图）。功能图解的目的就是要以功能为基础做一个粗线条的、概念性的布局设计。它的作用与书面的简要报告相似，就是要为设计提供一个组织结构，功能图解是后续设计过程的基础。功能图解研究的是与功能和总体设计布局相关的多种要素，在这个阶段不考虑具体外形和审美方面的因素，因为这些都是以后才考虑的问题。

设计师通过功能图解的图示语言就整个基地的功能组织问题与其他设计师或业主进行交流。这种图形语言使构思很快地表达出来。在初始阶段，设计师脑中会浮现大量图像画面或是构思，通过功能图解可以将它们形化、物化。有些构思可能较具体，而另一些则较概括模糊，这时就需要将它们快速画在纸上以便日后进一步深入。画得越快，其构思的价值大小就越容易判断。由此可见，功能图解的图形语汇对于快速表达而言是不可多得的工具。此外，由于功能图解是随手勾画的，形式很抽象概括，所以改动起来十分容易。这有利于设计师探寻多个方案，最终获得一个合适的设计方案。

（二）功能图解的重要性

功能图解对整个设计很关键，因为它的作用有：①为最终方案奠定一个正确的功能基础；②使设计师保持在宏观层面上对设计进行思考；③使得设计师能够构想出多个方案并探讨其可能性；④使设计师不只是停留在构思阶段，而是继续迈进。

1. 建立正确的功能分区

一个经过审慎考虑的功能图解将使后续的设计过程得心应手，所以它的重要性不管怎么强调都不过分。合理的功能关系能使各种不同性质的活动、内容的完整性和整体秩序性得到落实。因设计的外观如形式、材料和图案均不能解决功能上的缺陷，所以设计一开始就要有一个正确的功能分区，没有经验的设计师最常犯的一个错误，就是一拿到设计就在平面上画很具体的徒手勾画的功能图解空间形式和设计元素，例如平台、露台、墙和种植区的边界线在功能考虑得还不是很充分的情况下就被赋予了高度限定的形式。类似的如材料及其图案的位置和对应的功能还没敲定就画得过细。像这样太早关注过多的细节，会使设计师忽略一些潜在的功能关系，功能图解中的空间应该用气泡徒手勾画，而不用画出具体形状或形态。

2. 时间因素的影响

先总体考虑再深入做细节设计的另一个原因就是时间因素。因为在设计过程中改动是不可避免的，太早确定细节后再更改将会造成时间浪费。当然，在每个设计阶段都会有变更，但是在初始阶段如果用功能图解的图形语言合适地组织总体功能的话，改动起来就十分迅速，耗费的精力也少。

3. 探讨多种方案

显而易见，随着设计经验的增多，设计师将会在脑中积累许多构思。不管是通过拍照还是实地去体验，设计师都会画大量的草图作为将来的参考资料。大脑中的这些构思存档很有价值，大部分设计师都通过设计和亲身体验来扩充大脑中的“构思库”，这种视觉信息的宝库直接促成最初的构思。有时这些构思很对路，随之结果方案很快就成形了。但是请记住，这只是一个构思而已，而且只是第一个构思。它也许不错，但是在没有与其他构思比较之前，你无法确定它是最好的。只有在加以比较之后，才能获得一个较好的设计思路。因为它使得设计师面对任何一个给定的项目，都能想出几种不同的方案。尝试构思不同的方案对设计师的成长非常重要，因为这有助于形成新的构思。功能图解的图形具有快速而简单的特征，这往往会激发设计师去尝试不一样的方案。

（三）功能图解的方法

在功能图解过程中，设计师要使用徒手的图解符号对任务书中的所有空间和元素进行第一次定位。当图解完成的时候，任务书中的每个空间或元素的位置也就确定了。与这个阶段相关的设计因素有：比例与尺度、位置、概念性表现符号和竖向变化。

1. 比例与尺度

在勾画功能图解之前，设计师应该清楚设计中各空间和元素的大概尺寸。这一步很重要，因为在一定比例的方案图中，数量性状要通过相应的比例去体现，比如要设计一个能容纳 50 辆车的停车场，就需要迅速估算出它所占的面积。

在确定了必要的大小之后，将任务书中的每个空间和元素画在一张白纸上，每个内容都必须使用与基地设计条件图一致的比例，按其大致的尺寸及比例用徒手绘制的“泡泡图”表示。有时仅用数字来描述空间的大小很难让人确切理解它在基地中的实际大小，例如，“100 平方米”的区域大小并不很让人明了，只有当这块区域按给定的比例以泡泡图的形式表现时，设计师才能较清楚地看到它占据的平面中的面积大小，因此当空间以给定比例绘出时，设计师能够对空间的大小一目了然。按比例勾出各空间和要素之后，设计师就会更清楚哪些功能应该放在基地中的什么位置。

然后要考虑的是可获得的空间。每个空间和元素都必须与它在基地中所选的位置大小吻合。不是任务书中的所有空间和要素都能够放在基地中。当一个空间相对于基地中的某块特定区域而言太大时，问题就出现了。这种情况就需要重新组织功能图解，删减某些空间或元素。

2. 位置

在基地中确定各个拟定空间和元素的位置时应该以功能关系、可以获得的空间和现有基地条件三点为依据。

首先看功能关系，基地中的每个空间和元素的位置都应该与相邻的空间和元素建立良好的功能关系。那些联系密切的功能分区应该相邻设置，而那些不相兼容的功能应当分开设置，这个阶段可借助图示法来分析使用区之间关系的强弱。可用线条来连接联系紧密的分区，也可将各项内容排列在圆周上，然后用粗细不同的线表示其关系的强弱。

此外，要考虑现有基地条件，基地分析时所做的观察和建议能够在功能图解中得以体现并表现出来。例如，现准备在两面临街、一侧为商店专用的停车场的小块空地上建一处街头休憩空间，那么在功能方面，则需要设置休息区（座椅）、服务区（饮水装置、废物箱）、观赏区（树木、铺装）等。同时还要求符合行人路线，为购物或候车者提供愉悦休憩的空间。

3. 概念性表现符号

在这一设计发展的阶段，使用抽象而又易画的符号是很重要的。它们能很快地被重新配置和组织，这能帮助设计师集中精力做这一阶段的主要工作，即优化不同使用面积之间的功能关系，解决选址定位问题，发展有效的环路系统，推敲一些设计元素为什么要放在那里并且如何使它们之间更好地联系在一起等。普遍性的空间组织形式，不管是下陷还是抬升、是墙面还是顶棚、是斜坡还是崖径，这些功能都会在这一概念性表现符号阶段得到进一步发展。

（1）轮廓

轮廓是指一个空间的总体形状，可用易于识别的一个或多个不规则板块和圆圈来表示不同的空间。每一个圆圈的比例象征着空间属性的大小。

（2）边界

用不同大小的板块表示空间，一个空间的外部边界的形成有几种不同的方式，可以是对地面的不同材质进行限定，也可以是立面上的坡度或高差，如种植的植物、墙、栅栏或是建筑。风景园林规划设计原理中边界的透明度不同，其特征就不一样。因此，功能图解中泡泡图周围的轮廓线应详尽地表明其是否透明的特征。透明度指空间边缘透明的程度，它影响人们视线的通畅。

（3）流线

流线关注的是沿着空间基本运动线路的各个空间的出入点。入口和出口的位置可以在图解中用简单的箭头标出，这里箭头表明了进出空间的运动方式。除了出入口，设计师还须确定穿过空间的最主要运动线路以规划出一条连续的流线，这可以用简单的虚线和指向运动方向的箭头来表示，并且这一步应该只针对主要的运动线路，而不是每一条可能的运动路径。

当然，不仅要考虑流线的位置，对其密度和特征也要加以考虑。如前所述，可以用虚线和箭头这类图形符号来表示流线，而流线的其他一些特征，如密度，则可用更为具体的箭头种类来表示。流线密度是指流线路径的使用频率及重要性。

（4）视线

视线是功能图解中应该研究的另一个主要因素。人在空间中从一个区域或一个特定的点能看到什么或看不到什么，对于整个设计的组织和体验很重要。在功能图解的发展过程中，设计师关注的是对主要空间来说最有意义的那些视线。

4. 竖向变化

对于竖向变化，在功能图解中同样应该给予关注表述，因为在这个时期设计师开始思考景观的三维形式。在图解中各空间之间的高度变化的表示方法之一就是利用点来标示其高度，这种方法表达了设计师决定哪些空间比其他空间高且高多少的设计意图。另外一种表示高差的方法就是用线表示出沿流线的踏步位置。

如前所述，设计师在准备功能图解时要考虑各种不同的设计因素，这些因素相互影响，所以应该综合起来考虑。当功能图解完成的时候，整个基地都应该布满泡泡图和其他代表所有必要的空间和元素的图形符号。整个布局中不应该出现空白的区域或是“孔洞”，如果出现这样的地方则说明设计师还未想好这块地的用处，这时应该确定其作何功能。

对这个阶段的另一个建议就是切记要尝试多个不同的选择，实际上初始阶段一般以 2 ~ 3 个方案为宜。这使得设计师在组织基地的功能时更有创造性，并且还可能发现比最初设想更为完善的解决办法。在考虑过一系列方案后，设计师最好在其中选择一个最佳方案或是综合几个方案的精华，然后继续深化。

三、设计形式表达

这些思想能很容易且很快地按一定比例在方案图上表现出来。首先对场地清单进行分析，它记录着场地的现状，然后用符号对场地进行分析。在这些概念发展的过程中，最好避免制定具体形式和形状。无定形的泡影的线在这种状况下代表用途区域，并不表示特定物质的精确边界；定向箭头代表走廊的运动方向，也不表示它的边界。可以指出一些表面物质如硬质景观、水、草坪、林地的类型，但没有必要去表示细节，如颜色质地、图案、样式等。

从概念到形式的跳跃被看成一个再修改的组织过程。在这一过程中，那些代表概念的圆圈和箭头将变成具体的形状，可辨认的物体将会出现，实际的空间将会形成，精确的边界将被绘出，实际物质的类型、颜色和质地也将会被选定。

（一）设计的基本元素

下面把设计的基本元素归纳为 10 项，其中前 7 项是可见的常见形式，即点、线、面、形体、运动、颜色和质感，后 3 项是无形的要素，即声音、气味、触觉。

1. 点

点是构成形态的最小单元，不仅具有大小、位置，而且随着组织方法的不同，可以产生很多效果。比如，点可以排列成线，单独的点元素可以起到加强某空间领域的作用，当大小相同、形态相似的点被相互及严谨地排成阵列时会产生均衡美与整齐美。

当大小不同的点被群化时，由于透视的关系会产生或加强动感、富于跳动的变化美。

风景园林艺术中，点的形式通常是以“景点”的形式存在的。最常见的如雕塑、具有艺术感的构筑物、形象独特的孤植等。当进行设计构图时，应以景点的分布控制整个景观。要点在于均衡布置景点，合理安排功能分区及组织游览内容，充分发挥景点的核心作用。当然，中心区域景点应适当集中以突出重点，但必须注意不能过分集中，否则容易造成功能上的不合理和交通上的拥挤。因此，景点需坚持合理运用原则及相互呼应原则，应用单独点元素创造空间领域感，以此强化空间的作用。

2. 线

线存在于点的移动轨迹，是面的边界，也是面与面的交界或面的断、切截取处，具有丰富的形状，并能形成强烈的运动感。线从形态上可分为直线（水平线、垂直线、斜线）和曲线（弧线、螺旋线、抛物线、双曲线及自由线）两大类。在风景园林中有相对长度和方向的回路长廊、围墙、栏杆、溪流、驳岸、曲桥等均为线。

（1）直线在园林艺术中的应用

直线在造型中常以 3 种形式出现，即水平线、垂直线和斜线。直线本身具有某种平衡性，虽然是中性的，但很容易适应环境。由于直线是抽象的，所以具有表现的纯粹性。在景观中，直线有时具有很重要的视觉冲击力，但直线过分明显则会产生疲劳感。

因此，在风景园林中常用直线造型对景观进行调和补充。

水平线平静、稳定、统一、庄重，具有明显的方向性。水平线在景观中的应用非常广泛，直线形道路、直线形铺装、直线形绿篱、水池、台阶等都体现了水平线的美。

垂直线给人以庄重、严肃、坚固、挺拔向上的感觉，园林艺术中常用垂直线的有序排列表现节奏律动美，或加强垂直线以取得形体挺拔有力、高大庄重的艺术效果。如用垂直线造型的疏密相间的园林栏杆及围栏、护栏等，它们有序排列的图案形成有节奏的律动美。景观中的纪念性碑塔是典型的垂直造型，刚直挺拔、庄重的艺术特点在这里体现得最充分。

斜线动感较强，具有奔放、上升等特性，但运用不当会有不安定和散漫之感。园林中的雕塑造型常常用到斜线，斜线具有生命力，能表现出生气勃勃的动势，另外也常用于打破呆板沉闷而形成变化，达到静中有动、动静结合的意境。但由于斜线的个性特别突出，一旦使用往往处于视觉中心，同时对于水平线条和垂直线条组成的空间有强烈的冲击作用，因此要考虑好与斜线相配合的要素设计，使之与整个环境相协调。由于现代审美趋向于简洁明快、动感和个性，因此设计中简洁的直线几乎无处不在，表现形式越来越理性和抽象化，各种直线成为艺术中常用的表达要素。这种思想也影响了现代风景园林，现代风景园林运用直线创作出许多引人注目的园林景观，直线有时是设计师对自然独特的理解表达。美国风景园林大师彼得·沃克在他的极简主义景观作品中就大量使用了直线，例如他在福特沃斯市伯纳特公园的设计中，以水平线和垂直线为设计线形，用直交和斜交的直线道路网、长方形的水池和有序排列的直线形水魔杖构架了整个公园。

（2）曲线在园林艺术中的应用

曲线的基本属性包括柔和性、变化性、虚幻性、流动性和丰富性。曲线分两类：一是几何曲线，二是自由曲线。几何曲线的种类很多，如椭圆曲线、抛物曲线、双曲线等。几何曲线能表达饱满、有弹性、严谨、理智的感觉，有明确的现代感，同时也有机械的冷漠感。自由曲线是一种自然的、优美的、跳跃的线形，能表达丰满、圆润、柔和、富有人情味的感觉，同时也有强烈的活动感和流动感。曲线在风景园林中的运用最广泛，园林中的桥廊、墙以及驳岸建筑、花坛等处处都有曲线的存在。

为了模仿和体现自然，中国古典园林中几乎所有的线都顺应自然的曲线——山峰起伏、河岸湖岸弯曲、道路蜿蜒，植物配置也避免形成规则的直线，总要高低错落、左右参差形成自然起伏的林冠竖向线（林冠线）和自然弯曲的林冠投影线（林缘线），即使是亭台楼阁等人工建筑，也使其屋顶起翘形成自由的曲线。另外，园林道路的线形也是自然弯曲的园路，曲线在有限的园林中能最大限度地扩展空间与时间，在园路和长廊中处处展现她的丰姿。

现代风景园林中，曲线更是以多种形式出现，形成了各具特色的景观。女艺术家塔哈所设计的新泽西州特伦顿市环境保护局庭院绿亩园就是利用各种叠加在一起的曲线形成层层叠叠的硬质景观，仿佛大海退潮后在沙滩上留下的层层波纹；纽约亚克博·亚维茨广场上的主要景观就是利用流畅的曲线座椅形成独特的广场景观。

人们在紧张工作之余都喜欢缓和一下生活节奏，希望从紧张的节奏中解放出来，而曲线能带给人们自由、轻松的感觉，并能使人们联想到自然的美景，因此曲线成为风景园林中人们所偏爱的造型形式。但曲线的弯度要适度，有张力、弹力，才能显现出曲线的美感，因此在运用曲线的时候要注意曲线曲度与弯度的设计。

3. 面

几何学中面的含义是：线移动的轨迹，或者是点的密集。外轮廓线决定面的外形可分为几何形面和自由曲面。

从空间角度看，景观中面的构成可以分为底面、顶面和垂直面。底面通常用高差、颜色、材质的变化来对空间进行限定，如休息椅与铺地在色彩、形状和质地上规则相交，以平面、严肃的装饰方式表现高差和绿化等元素，使底面体现了严谨的风格和观赏性；顶面的定义很自由，如大树的树冠和蓝蓝的天空都可以作为顶面要素，以使空间变得富有功能意义与安全感；垂直面是3个面中最显眼也最易于控制的要素，在创造室外空间时起着重要的作用，它是空间分隔的屏障和背景。分隔，一般是在场所中将功能进行分区的手段，分隔的手法很多，有高的、矮的、暂时的等。屏障，比如空间中设置的一片墙，除了空间分隔功能外，还起到增加私密性的作用。作为屏障的树木起到过滤风、声音、空气污染以及遮挡太阳光的作用。空间中适当的背景处理，可以避免注意力的分散，避免不必要事物的干扰，使兴趣集中于所观察的事物，成功衬托被展示物体的最佳品质。美国著名风景园林理论家、设计师约翰·奥姆斯比·西蒙兹教授认为，底面的规划模式大多设定了空间的主题，而垂直面则调节并产生了那些丰富和谐的表现形式。

4. 形体

当面被移位时，就形成三维的形体。形体被看成实心的物体或由面围成的空心物体。就像一座房子由墙、地板和顶棚组成一样，户外空间中的景观形体由垂直面、水平面或底面组成。把户外空间的景观形体界面设计成完全或部分开敞的形式，就能使光气流、雨和其他自然界的物质穿入其中。

5. 运动

当一个三维形体被移动时就会感觉到运动，同时也把第四维空间——时间当作了设计元素。然而，这里所指的运动应该理解为与观察者密切相关。当我们在空间中移动时，我们观察的物体似乎也在运动，它们时而变小时而变大，时而进入视野时而又远离视线，物体的细节也在不断变化。因此在户外景观形体设计中，这种运动的观察者的感官效果比静止的观察者对运动物体的感觉更有意义。

6. 颜色

所有的物体表面都有其特定的颜色，它们能反射不同的光波。在风景园林中用色是很特殊的，它不同于绘画，而是纯粹靠自然色彩的组合。色彩一般分为冷调和暖调，冷调是以青色系为主，暖调是以红色系为主。冷色调的特点是平静、舒适、安全等；暖色调的特点是热烈、兴奋、温暖等。不同的景观为了满足不同的需要而设计，而不同的功能对景观空间环境的需求不同，因而对色彩的设计要求也不同。例如纪念性建筑、烈士陵园等景观场所营造的气氛是庄重的、肃穆的、严肃的，而这时较为稳重的冷色系中的类似色的色彩设计可以营造出相应的气氛；而娱乐性空间，例如主题公园、游乐园等则需要营造出活跃的、热烈的、欢快的气氛，这时就应该充分利用明度和彩度比较高的对比色来形成丰富的视觉感受；在安静的休息区，需要的是宜人的、舒适的、平和的气氛，这时应该采用以近似色为主以及较为调和的色彩进行设计并以自然环境色彩为主，同时要有一些重点色以形成视觉的焦点，从而满足人较长时间休息的心理需要。

色彩突出景观的个性，创造富有特色的景观空间，是设计者永恒的追求。色彩应从场所文化中提炼与表达，根据法国色彩学家朗科洛关于色彩地理学的分析，地域和色彩是具有一定联系的，不同的地理环境有着不同的色彩表现。设计师只有深入了解当地的民俗文化，体验当地的生活，才能领会场所的精神，提炼出场所的“色彩”，并将这种色彩应用到风景园林中。从大的范围来讲，这种色彩可以是一种民族的色彩、区域的色彩。例如，中国人认为红色是喜庆的色彩，因此在节假日和喜庆的日子里，少量点缀一些红色就可以把气氛烘托出来，如挂上红灯笼、系上红绸子、摆上红色的花坛等；又例如墨西哥人热爱阳光，感情热烈奔放，因此墨西哥著名的景观建筑师路易斯·巴拉干对各种浓烈色彩的运用是其设计中鲜明的个人特色，这些后来也成为墨西哥建筑的重要设计元素。他所设计的墙体的色彩取自墨西哥的传统色彩尤其是民居中绚烂的色彩，传统的墨西哥文化通过巴拉干对色彩的应用得以充分表达。

7. 质感

质感指视觉或触觉对不同物态（如固态、液态、气态）特质的感觉，是由于感触到素材的结构而产生的材质感，或产生于颜色和映象之间的突然转换。例如，我们从粗糙不光滑的质感中能感受到的是野蛮的、男性的、缺乏雅致的情调；从细致光滑的质感中感受到的是女性的、优雅的情调；从金属上感受到的是坚硬、寒冷、光滑的感觉；从布帛上感受到的是柔软、轻盈、温和的感觉；从石头上感受到的是沉重、坚硬、强壮的感觉。

质感可以分为人工的、自然的、触觉的和视觉的。设计中要充分发挥素材固有的美，材质本身固有的感受给人一种真实感、细腻感，可以营造出丰富的视觉感受，因此质感是风景园林中一个重要的创作手段，在设计中应该强化其特征，用简单的材料创造出不平凡的景观，体现出设计的特色。

此外，还要根据景观表现的主题采用不同的手法调和质感，质感调和可以是同一调和、相似调和、对比调和。质感的对比是提高质感效果的最佳方法之一。质感的对比能使各种素材的优点相得益彰。例如德国萨尔州立大学庭院采用碎石英岩、暗色玄武岩和黄杨树丛的质感对比，形成了丰富的视觉效果，并赋予庭院独特的景色和趣味。另外，在设计中可在庭园中点缀石头和踏步石，有的布置在苔藓中，有的布置在草坪中，还有的布置在水中，都是根据庭园的环境、规模、表现意图等设计的。但在一般情况下，草坪和石头的配合不如苔藓同石头的配合更为优美，这是由于石头坚硬强壮的质感与苔藓柔软光滑的质感的对比，使人从不同素材中看到了美。

8. 声音

听觉对我们感受外界空间有极大的影响。声音可大可小，可以来自自然界也可以人造，可以是乐音也可以是噪声。声音能给设计带来很多情趣，如水体设计中，大面积的平静水面如果能增添小型的叠泉就会产生很好的效果，叠泉的水声正好对比水面的宁静，一动一静相得益彰。

9. 气味

气味即嗅觉感受。在园林中植物花卉的气味往往能刺激嗅觉器官，大多数植物能给人们愉悦的感受。很多风景园林以植物气味作为造园的主题。

10. 触觉

通过皮肤直接接触人们可以得到很多感受，如冷和热、平滑和粗糙、尖和钝、软和硬、干和湿、黏性的、有弹性的等。

把握住这些设计元素能给设计者带来很多机会，设计者能有选择性地或创造性地利用它们满足特定的场地和业主的要求。特别是声音、气味、触觉这 3 种无形的设计要素，对它们的设计考虑将对残障人士感受景观之美起到很大作用。伴随着概念性草图的进展，本节探讨了许多设计形式，这些形式仅仅是设计中最普遍和有用的，绝非唯一的。设计形式进一步的发展取决于两种不同的思维模式：一种是以逻辑为基础并以几何图形为模板，所得到的图形体现的是遵循各种几何形体内在的数学规律，运用这种方法可以设计出高度统一的空间。但对于纯粹的浪漫主义者来说，几何图形是乏味的、令人厌倦的和郁闷的。他们的思维模式是以自然的形体为模板，通过更加直觉的、非理性的方法，把某种意境融入设计中。另一种设计的图形似乎无规律、琐碎、离奇、随机，但却迎合了使用者喜欢消遣和冒险的一面。两种模式都有内在的结构，但却没必要把它们绝对地区分开来。

（二）几何形体思维模式

重复是组织设计中一条实用的原则。如果人们把一些简单的几何图形或由几何图形换算出的图形有规律地重复排列，就会得到整体上高度统一的形式。通过调整大小和位置，就能从最基本的图形演变成有趣的设计形式。

几何形体包含 3 个基本的图形，即正方形、三角形、圆形。从每一个基本图形中又可以衍生出次级基本类型：从正方形中可衍生出矩形；从三角形中可衍生出 45° /90° 和 30° /60° 的三角形；从圆中可衍生出各种图形，最常见的包括两圆相接、圆和半圆、圆和切线、圆的分割、椭圆、螺线等。

1. 正方形模式

迄今为止正方形是最简单和最有用的设计图形，它同建筑平面形状相似，易于同建筑物相配。在建筑物环境中，正方形和矩形或许是风景园林中最常见的组织设计形式，原因是这两种图形易于衍生出相关图形。正方形有 4 条独立而又划分清晰的边，所以它有 4 个确定的方向，它不像圆那样中心发散；正方形轴线是属性强的对角线，由它可发展为不同的构成形式；用正方形画出 90° 网格，可以形成不同方形平面形式。用网格线铺在概念性方案的下面，就能很容易地组织设计出功能性示意图。另外，通过 90° 网格线的引导，概念性方案中的粗略形状将会被重新改写。在概念性方案中表现抽象思想，如圆圈和箭头轮廓分别代表功能性分区和运动走廊。而在重新绘制的图形中新绘制的线条则代表实际的物体，变成了实物的边界线，显示出从一种物体向另一种物体的转变。在概念性方案中用一条线表示的箭头变成了用双线表示的道路的边界，遮蔽物符号变成了用双线表示的墙体的边界，中心焦点符号变成了小喷泉。

这种 90° 模式最易与中轴对称搭配，但它经常被用在要表现正统思想的基础性设计中。正方形的模式尽管简单，但也能设计出一些不寻常的有趣空间，特别是把垂直因素引入其中，将二维空间变为三维空间以后由台阶和墙体处理成的下陷和抬高的水平空间的变化，丰富了空间特性。此外，还可以在原网格中加入扭转网格以形成不同的设计构成。这种角度的扭转可根据景观视线、采光朝向、夏季通风的需要，运用这种主题可以发挥并提升出基地的潜力。如沈阳建筑大学校区的整体设计就运用了多个正方形网格叠加。校园内的建筑部分以网格式布局，既反映了现代办学理念（多学科交叉），又围合出不同的正方形庭院空间，其风景园林规划设计是在原有建筑规划的网格上叠加一个正方形网格，与建筑庭院空间对应，形成了整体统一的校园面貌。

2. 三角形模式

（1）45° /90° 角三角形模式

把两个矩形的网格线以 45° 相交就能得到基本的模式。为比较正方形与三角形两种模式的差异，这里还用前面的概念性设计方案图，不同的是用 45° /90° 角的网格做铺垫。重新画线使之代表物体或材料的边界，这一水平变化的过程很简单。因为下面的网格线仅是一个引导模板，没必要很精确地描绘上面的线条，但重视其模块并注意对应线条间的平行还是很重要的。

（2）30° /60° 角三角形模式

30° /60° 模式可作为一种模板并按前面的方法去绘制一些图形，可以尝试用六边形来组织设计空间。根据概念性方案图的需要，可以按相同尺度或不同尺度对六边形进行复制。当然如果需要的话，也可以把六边形放在一起，使它们相接、相交或彼此镶嵌。为保证统一性，尽量避免排列时旋转，可以概念性方案为底图决定空间位置的安排，若欲使空间表现更加清晰，也可采用擦掉某些线条、勾画轮廓线、连接某些线条等方法简化内部线条，但要注意，这时的线条已表示实体的边界。

根据设计需要，可以采取提升或降低水平面、突出垂直元素或发展上部空间的方法来开发三维空间，也可以通过增加娱乐和休闲设施的方法给空间赋予人情味。

（3）设计建议

当使用角状图形进行主题设计时，尽可能多地使用钝角，避免使用锐角，锐角通常会产生一些功能上不可利用的空间，这些空间在实施中会产生一些问题，并且这些转角还可能是危险的或是结构尚不完善的。

3. 圆形模式

在各种各样的图形中，圆形是独一无二的，圆形的魅力在于它的简洁性、统一感和整体感。它象征着运动和静止的双重特性。

圆的许多参数在设计中的应用是非常重要的，具体参数有：①圆心；②圆周；③半径；④半径延长线；⑤直径；⑥切线。在所有圆的参数中，圆心是最重要的。首先，圆心是一个能吸引注意力的点，绝大多数人都能用铅笔或钢笔轻松地估计出圆心的位置；其次是半径、半径延长线和直径，它们都经过圆心从而加强了圆心位置的重要性。所以用圆来设计时，首先要考虑到任何直接与圆心相连的线或形体都能与圆产生强烈的关系；那些不与圆心相连的直线则看起来好像与圆无关或关系较为模糊。同样，连线及其构成形式与圆周相接的方式决定了一个构图是否成功。那些在构成中借用半径延长线与圆周相交的直线比不与圆周相交的线看起来更令人愉悦，换句话说，穿过圆心的直线要比斜交的更为稳定。

（1）叠圆

基本的模式是不同尺度的圆相叠加或相交。从一个基本的圆开始复制、扩大、缩小。圆的尺寸和数量由概念性方案所决定，必要时还可以把它们嵌套在一起代表不同的物体。当几个圆相交时，把它们相交的弧调整到接近90°，可以从视觉上突出它们之间的交叠。

许多相互叠加的圆具有“软化”边界构成的作用，运用叠加圆形表现主题时应注意以下几条参考原则。

第一，圆的大小宜多样。每个构成里应包含一个主导空间或主体形式。根据这点，构成中的一个完整的圆形区域就会凸显出来成为突出的主体。这样的一个圆形区域可以做一个草坪，或主要的娱乐空间、起居空间，或是设计中的另一个重点区域。除此以外，其他圆的尺寸应较小一些，大小也不必一样。

第二，当要将两个圆交叠时，建议让其中一个圆的圆周通过或靠近另一个圆的圆心。这有两个原因：一方面，如果两圆有太多重叠部分，那么其中一个往往变得不可识别，因为有太多部分在另一个圆里；另一方面，两圆若重叠得太少，就有可能出现锐角。

第三，避免两圆小范围相交，这将产生一些锐角；也要避免相切圆，除非几个圆的边线要形成 S 形空间；在连接点处反转也会形成一些尖角。

叠加圆形有 3 个特点。第一，它提供了几个相互联系但又区分明确的部分。当设计中要求有许多不同的空间或区域时，这个特点就很有优势。第二，叠加圆形有很多朝向，这可以使设计具有多个良好的景观视线。因为有多个圆重叠，所以叠加圆形最好坐落在平地上或坡地上，这样每个圆形就可在不同的标高上嵌入坡地中。第三，这种具有强烈几何性的叠加圆形不适于在起伏剧烈的地形上使用。改变非同心圆圆心的排列方式将会带来一些变化。

（2）同心圆和半径

同心圆是一种强有力的构成形式，它们的公共圆心是注意力的焦点，因为所有的半径和半径延长线均从此点发出。同心圆主题中构成的多种变化可以通过变换半径和半径延长线的长度以及旋转角度来实现。

同心圆主题最适于设计非常重要的设计元素或空间。形成视觉中心的同心圆的圆心不能随意在基地上设置，它应该在构成特点或空间构成上有非常重要的存在价值，以此来凸显整个设计构成。因此，它应该是一个诸如雕塑、水体或别致的铺地图案之类的视觉焦点。除此之外，同心圆主题能为观赏周围景观提供全景式的视线。

（3）圆弧和切线

圆弧及切线主题其实来源于不同主题，包括来自圆形主题中的圆弧和正方形主题中的直线。直线具有结构感而曲线具有柔和流动感，两者能很好地搭配在一起。

在设计中，设计师从矩形外框封闭概念性方案开始，在拐角处绘制不同尺寸的圆，使每个圆的边和直线相切。然后设计师需要仔细确定构成中的哪个部或线条需要圆弧来柔化角部或得到圆边，而不能仅仅将矩形的角部变成圆弧。最后增加一些材料和设施细化设计图使之与环境融合。

（4）椭圆

椭圆从数学概念上讲是由一个平面与圆锥体或圆柱体相切而得到的。与圆形相比，它体现出严谨的数学排列形式。前面在圆中所阐述的原则在椭圆中同样能单独应用，也可以多个组合在一起，或同圆组合在一起。

（5）螺旋线

如果需要精确的对数式螺线，可以在黄金分割矩形中按数学方法绘制。在这个大矩形中，撇开以短边为边长的正方形，剩下的矩形还是一个黄金分割矩形，它的长边等于大矩形的短边。照此方法细分下去，最后按图示在每一个正方形中画弧就得到了一条螺旋线。

景观中用数学方法绘出的矩形有令人赞叹的精确性，但风景园林中广泛应用的还是徒手画的螺旋线，即自由螺线，后面也将讨论自由螺线。

（三）自然的形式

许多理由使设计者感觉到应用有规律的纯几何形体可能不如使用那些较松散的、更贴近生物有机体的自然形体，这可能是由场地本身决定的。展示最初很少被人干预的自然景观或包含一些符合自然规律的元素的景观与人为地把自然界的材料和形体重新再组合的景观相比更易被人接受。这种用自然方式进行设计的倾向根植于使用者的需求愿望或渴望，同场地本身没有过多的关系。事实上，场地可能位于充满人造元素的城市环境中，然而业主希望看到一些柔软的、自由的、贴近自然的新东西。同时，开发商需要树立具有环保意识的形象，他们展示的产品要能唤起公众的生态意识或他们的服务将利于保护自然资源。如此一来，设计者的概念基础和方案最终就同自然联系在一起了。

建筑环境和自然环境联系的强弱程度取决于设计的方法和场地固有的条件。这种联系可分为 3 个水平等级。

第一级水平是生态设计的本质，它不仅是重新认识自然的基本过程，而且是人类行为最低限度地影响生态环境甚至促进生态环境再生的要求。例如把一片已经退化的湿地生态系统进行重建，或者建一些与当地环境相协调、能保证当地的自然过程完整无缺的建筑。这些形式展示了同自然之间的真正协调。

第二级水平尽管对整体生态系统不完全有利，但却能创造出一种自然的感觉。用人为的控制物如水泵、循环水和使植物保持正常生长的灌溉系统，或者是防止土壤被侵蚀的水管和排水沟，在城市环境中创造一些自然景观。设计时需要强调的重点是需用一些自然材料，如植物、水、岩石，以自然界的存在方式进行布置。

第三级水平同自然的联系最不紧密。设计的空间里很大程度地缺乏对生态系统的考虑，主要由水泥、玻璃、砖块、木料等人造材料组成。在这一人造的环境里，设计的形状和布置方式也必须映射出自然界的规律。

在自然式图形的王国存在一个含有丰富形式的调色板，这些形式可能是对自然界的模仿、抽象或类比。模仿是指对自然界的形体不做大的改变；抽象是对自然界的精髓加以提炼，再被设计者重新解释并应用于特定的场地。通常情况下，是在两者之间进行功能上的类比。

1. 蜿蜒的曲线

就像正方形是建筑中最常见的组织形式一样，蜿蜒的曲线或许是风景园林中应用最广泛的自然形式，它在自然王国里随处可见。来回曲折的平滑河床的边线是蜿蜒曲线的基本形式，它的特征是由一些逐渐改变方向的曲线组成，没有直线。

从功能上说，这种蜿蜒的形状是设计一些景观元素的理想选择，如某些机动车道和人行道适用于这种平滑流动的形式；在空间表达中，蜿蜒的曲线常带有某种神秘感。沿视线水平望去，水平布置的蜿蜒曲线似乎时隐时现，并伴有轻微的上下起伏之感。相当有规律的波动或许能表达出蜿蜒的形状，就像潮汐的入口，来回涨退的海水在泥土中刻出波状的图形。

2. 不规则的多边形

自然界存在很多沿直线排列的形体。花岗岩石块的裂缝显示了自然界中不规则直线形物体的特点，它的长度和方向带有明显的随机性。正是这种松散的、随机的特点使它有别于一般的几何形体。当使用这一不规则、随机的设计形式时往往产生生动活泼的图案构成，可以绘制不同长度的线条和改变线条的方向，可以使用角度在100°～170°之间的钝角或角度在190°～260°之间的优角。例如，在得克萨斯州的一个城市水景广场中，用不规则角度和平面去增强垂直空间效果，从而创造出充满激情的空间表达形式。

从干裂的泥浆中的线条获得的灵感，常被用于风景园林的景观空间中非正式的地平面模式。要注意的是，设计中应避免使用太多的同90° 或180° 相差不超过10° 的角度，也不要用太多的平行线。

3. 生物有机体的边沿线

一条按完全随机的形式改变方向的直线能画出极度不规则的图形，它的不规则程度是前面所提到的图形（蜿蜒曲线、松散的椭圆、螺旋形或多边形）无法比拟的。这一“有机体”特性能很好地在下面来自大自然的实例中被发现。

生长在岩石上的地衣植物有一个界线分明的不规则边缘，边缘的有些地方还有一些回折的弯，这种高度的复杂性和精细性正是生物有机体边界的特征。

自然界植物群落中经常存在一些软质的、不规则的形式。尽管形式繁多，但它们拥有一种可见的序列，这种序列是植物对生态环境的变化和那些诸如水系、土壤、微气候、动物栖息地等不确定因素的反映结果。

有机体的形式可以用一个软质的随机边界或一个硬质的如断裂岩石的随机边界来表示。

自然材料如未雕琢的石块、土壤、水、植物等很容易地就能展现出生物有机体的特点，可这些人造的塑模材料如水泥、玻璃纤维、塑料也能表现出生物有机体的特点。这种较高水平的复杂性能把复杂的运动引入设计中，能增加观景者的兴趣，吸引观景者的注意力。

4. 聚合和分散的自然曲线

自然形体的另一个有趣的特性是二元性。它将统一和分散两种趋势融为一体：一方面，各元素像相互吸引一样丛状聚合在一起，成为不规则的组团；另一方面，各元素又彼此分离成不规则的空间片段。

风景园林师在种植设计中用聚合和分散的手法，来创造出不规则的同种树丛或彼此交织和包裹的分散植物组。成功创造出自然丛状物体的关键是在统一的前提下，应用一些随机的、不规则的形体。

当设计师想由硬质景观（如人行道）向软质景观（如草坪）逐渐转变时，或想创造出一丛植物群渗入另一丛植物群的景象时，聚合和分散都是很有用的手段。一个丛状体和另一个丛状体在交界处要以一种松散的形式连接在一起，从人行道向草坪过渡。

（四）多种形体的整合

首先，仅仅使用一种设计主体固然能产生很强的统一感（如重复使用同一类型的形状、线条和角度，同时靠改变它们的尺寸和方向来避免单调）。但在通常情况下，需要连接两个或更多相互对立的形体。或因概念性方案中存在几个次级主体，或因材料的改变导致形体的改变，或因设计者想用对比增加情趣，不管何种原因都要注意创造一个协调的整合体。

其次，避免形成锐角，尤其是小于45° 的角。设计构成中应避免出现锐角，原因如下：①锐角使得构成形式间的视觉关系减弱，但却易成为视力紧张的点；②当锐角出现在铺地区域内部或边缘时，就形成了结构上较薄弱的区域，这些区域里狭窄的角状材料往往容易出现裂缝，尤其是在冻融循环时；③当锐角在种植区的边缘形成时，这些地方往往不可能种植灌木，甚至连地被植物都不适合；④若是用锐角区域来作为人使用的空间，例如就餐空间或娱乐空间，就会有许多空间浪费，因为尺度实在太小。

最后，使形式具有可识别性。形式可识别性指的是在一个构成中单个的形式（图案）能被辨认出来，例如圆和正方形就是可识别性的形状，而且每一个都把自身的一些特性赋予了整个构成。有一些构成中的形状对于整个构成缺乏足够的视觉支持，甚至有些形式被其他形式所掩盖，当这种情况出现时，要么把“被掩盖”的形式去掉，要么改变它的大小和位置来提高可识别性。

1. 形式构成和现有构筑物之间的关系

几乎所有的设计在深入设计过程中都必须与现有的或将有的构筑物相结合。因为现有的构筑物将会影响到景观空间的线和边界在方案设计中的位置，从而保证最后的设计结果是一个视觉上协调和统一的环境。如果这个关系处理得好，最后可能会难以分辨何者为基地原有的、何者为增建的。

通过将新的构成形式的边界与原有构筑物的边界相联系，可以实现这个目标。首先设计师要获得一份反映现有构筑物状况的基地图附件，在这张图上，设计师要确认有构筑物出现的突出点和边界。对一栋现有房屋，需考虑的关键点和边界应分3个层次：①房子的外墙和转角；②外墙与地面相接的元素的边界，如门的边界或外墙上材质的变化产生的划分线（例如，砖和木护壁板之间）；③外墙上不与地面相接触的元素的边界。

下一步就是在基地图上从这些关键点和边线处向周围基地画线。建议使用彩铅，那样这些线就很容易与基地图上的其他线分开，这 3 种线称为约束线，因为它们将使设计的形式构成与现有形式之间发生相互作用，作为强调，最重要的线应画得稍深一些。此外，还要加一些其他的线与这 3 种约束线垂直以形成网格，这些附加线的间距并没有严格的规定。在基地图上画完约束线和网格之后，设计师还应该在基地图上面放上一张描图纸，接着就可以在描图纸上进行形式构成研究了，这样做的好处有：①设计可以结合约束线和网格系统；②设计还可与功能图解相结合。从草图中可以明确两点：①用 90° 的网格系统可以轻松地将矩形主题的设计深入下去；②网格是作为整个基地内形式构成的基础，而不仅是在靠近建筑的地方。但有些形式的边线并不与约束线重合，而是夹在约束线的中间，所以设计师不必认为形式的边线必须与约束线重合。在发展圆形和曲线形的设计主题中，除了第一重要的约束线外，其余的约束线均可取消。

在以圆形和曲线形表现主题时，最主要的问题是如何将基地中的线和边同房屋的边和其他直线边界联系起来。应该尽可能地在新形式与原有构筑物的连接处避免锐角和不良的视觉关系。画网格的时候，要考虑网格如何为新的构成形式的边定位提供参考或线索。当新的构成形式的边线与网格中的点或线对齐的时候，这个形式就与建筑的点与边产生了强烈的视觉联系，这样，建筑与基地就形成了很好的结合。但是，如果两者不对齐也没有什么大的问题，网格中约束线的使用只是一个辅助工具而不是绝对的必然途径，网格系统绝不是一个确保成功的魔术公式。

约束线和网格系统对于靠近房屋的设计形式与房屋对齐确实很重要，但是对于离构筑物较远的形式来说意义就不那么重要了。构筑物周围的场地与构筑物的关系是最密切的，在这个区域内能够轻易地看到形式的边界是否与房子的转角或门的边线对齐。但是距离建筑太远，即使场地与构筑物对齐了也很难被察觉到。

既然约束线和网格只是一种线索，那么怎么在场地中建立它们就无所谓正确或错误了。给定一个基地让不同设计师来设计，每个人都会设计出与别人稍微不同的网格。第一重要的约束线可能相同，其他的线则因人而异。建议网格中不要给出太多的线，只要每根线最后被证明有用就可以了。因为线太少了好像对设计师没什么帮助，线太多了又让人迷惑。

2. 形式构成与功能图解的关系

除了与基地内现有的构筑物发生联系之外，新的形式设计应与在上一步已敲定的功能图解发生关系。功能图解和概念平面同样也是形式构成进一步深入的基础。请记住，形式构成阶段的目标之一就是要将概括的、粗略的功能图解的边界具体化、清晰化。首先，将一张画有约束线和网格的基地图放在功能图解的下面，就可以进行将形式构成与功能图解相结合的工作了。接着，将一张空白的描图纸放在功能图解的上面，就可以在描图纸上画形式构成的草图了。有约束线和功能图解做基础，设计师接下来就可以开始把图解中泡泡图的轮廓转变成具体的边线，这时可能会确定一个设计主题。设计师需要做的是把约束线、网格、功能图解和设计主题结合起来，这里的形式构成被认为是约束线与功能图解的审慎嫁接。这个过程并不容易，因为要考虑的东西太多，而且从结果上看可能既看不出约束线的影响，又看不到功能图解痕迹。在新形式与功能图解相结合的过程中，设计师并不必一一与图解中的泡泡图对应。图解只是一种参考线索，仅为形式边线的定位提供一个大致方向。因此，设计师可以自由地移动形式边线的边界以与约束线对应或是形成一个看起来合理的构成，不过整体的大小、比例和位置还是应该大致与功能图解差不多。

刚开始的草图只是一种尝试，必然十分粗略，而且问题也不少。这时，在第一张描图纸上再放上一张纸，就可以在第一个形式构成草图上继续修改深入，通过多张描图纸的修正，设计师就会获得一个较满意的结果，同时应该鼓励自己多做几个方案。

第四章　生态园林植物景观设计

第一节　植物的分类

一、常见植物的类型及特征

（一）常见植物的类型

植物，包括乔木、灌木、藤木、花卉、草坪及其他地被植物统统称为植被。在景观设计中，植物选择必须结合实际需要进行有组织有规划的设计。植物的分类如表 4–1 所示。

表 4–1　植物的类型

类型	景观特性	实例
乔木	形体高大、主干明显、分枝点高、寿命长，是显著的观赏因素，是构成室外空间的基本结构和骨架。可作为“骨干树种”或“基调树种”，也可孤植形成视线焦点。可从顶平面与垂直立面上封闭空间，形成覆盖。乔木多以点的形式出现，或者数株连成一线以划定空间，常被使用在林荫道两侧	香樟、银杏、榉树、女贞、木棉榕树类、菩提树、柳树类、旅人蕉、枫香、紫檀、橄榄树、海檬果等
灌木	没有明显的主干，多呈丛生状态，可阻隔视线，形成垂直空间、半开敞空间；可障景，控制私密性；还可作为特殊景观背景	观花类灌木主要有：杜鹃花、树兰、火辣、吊钟花、木槿、蓝雪花等。观姿类灌木常用的品类有：扁樱桃、漆茎、东方紫金牛、胡椒木、彩叶山、白水木、小蜡树、厚叶石斑木等
草坪地被	具有独特的色彩、质地，似地毯，可形成植物模纹或缀花草坪。通过暗示形成虚空间。在不宜种草坪处，如楼房阴影、常绿阔叶林下可栽植地被植物，丰富景观层次	高羊茅草、红花酢浆草
藤本	也称攀缘植物，常用于垂直绿化，如花架、篱栅、岩石和墙壁上的攀缘物	常春藤、爬山虎
花卉	具有姿态优美、花色艳丽、香气馥郁的特点，通常多为草本植物。可形成自然的花丛、花带和缀花草坪，也可结合硬质景观配置花坛、花台、花境、花箱和花钵等	金盏花、矮牵牛、美人蕉、鸡冠花、孔雀草、一串红、万寿菊、白鹤芋、长春花、四季秋海棠

竹类	竹类形态优美，叶片潇洒，干直浑圆，具有很高的观赏价值和文化价值	刚竹、毛竹、佛肚竹

（二）常用植物的整体形态特征

植物的形态特征主要由树种的遗传性决定，但也受外界环境因子的影响，也可通过修剪等手法来改变其外形。

表 4-2　园林树木整体形态分类

序号	类型	代表植物	观赏效果
1	圆柱形	桧柏、毛白杨、杜松、塔柏、新疆杨、钻天杨等	高耸、静谧，构成垂直向上的线条
2	塔形	雪松、冷杉、日本金松、南洋杉、日本扁柏、辽东冷杉等	庄重、肃穆，宜与尖塔形建筑或山体搭配
3	圆锥形	圆柏、侧柏、北美香柏、柳杉、竹柏、云杉、马尾松、华山松、罗汉柏、广玉兰、厚皮香、金钱松、水杉、落羽杉、鹅掌楸	庄重、肃穆，宜与尖塔形建筑或山体搭配
4	圆球形或卵圆形	球柏、加杨、毛白杨、丁香、五角枫、樟树、苦槠、桂花、榕树、元宝枫、重阳木、梧桐、黄伊、黄连木、无患子、乌桕、枫香	柔和，无方向感，易于调和
5	馒头形	馒头柳、千头椿	柔和，易于调和
6	扁球形	板栗、青皮槭、榆叶梅等	水平延展
7	伞形	老年油松、滇朴、合欢、幌伞枫、榉树、鸡爪槭、凤凰木等	水平延展
8	垂枝形	垂柳、龙爪槐、垂榆、垂枝梅等	优雅、平和，将视线引向地面
9	钟形	欧洲山毛榉等	柔和，易于调和，有向上的趋势
10	倒钟形	槐等	柔和，易于调和
11	风致形	特殊环境中的植物，如黄山松	奇特、怪异
12	龙枝形	龙爪桑、龙爪柳、龙爪槐等	扭曲、怪异，创造奇异的效果
13	棕榈形	棕榈、椰子、蒲葵、大王椰子、苏铁、桄榔等	雅致，构成热带风光
14	长卵形	西府海棠、木槿等	自然柔和，易于调和
15	丛生形	千头柏、玫瑰、榆叶梅、绣球、棣棠等	自然柔和
16	拱垂形	连翘、黄刺玫、云南黄馨等	自然柔和
17	匍匐形	铺地柏、砂地柏、偃柏、鹿角桧、匍地龙柏、偃松、平枝栒子、匍匐栒子、地锦、迎春、探春、笑靥花、胡枝子等	伸展，用于地面覆盖
18	雕琢形	耐修剪的植物，如黄杨、雀舌黄杨、小叶女贞、大叶黄杨、海桐、金叶假连翘、塔柏等	具有艺术感
19	扇形	旅人蕉	优雅、柔和

二、园林植物的应用类型

在园林中以观赏性植物居多，单从观赏角度来分，园林中的花木大致可分为以下几类。

（一）观叶类

观叶类，以植物的叶形、叶态、叶姿为观赏对象，如黄杨、棕榈、枫、柳、芭蕉等。江南园林中种植芭蕉，可形成充满诗情画意的植物景观。芭蕉茎修叶大，叶片呈长圆形，长达3米，顶部钝圆，基部圆形，叶形不对称，叶脉粗大明显，色泽青翠如洗，多植于窗前墙角。每有细雨披落，可于窗前檐下聆听雨打芭蕉的美妙旋律，而修长纤弱的柳叶则另具一番风情。微风轻送，倒垂拂地，风情万种。虽无香艳，而微风摇荡，每当黄莺交语之乡，鸣蝉托息之所，人皆取以悦耳娱目，乃园林必需之木也。

柳树生命力极强，南北园林都可栽植，尤其适宜水边。园中有水的地方几乎都有它袅娜的身姿，“河边杨柳百丈枝，别有长条踠地垂”，烟花三月，漫步湖堤，柔柔嫩嫩的柳枝轻拂水面，与粼粼水波相依相偎，如绿纱拂水。

（二）观花类

观花类植物的应用主要以植物的花朵为观赏对象，如梅花、菊花、桃花、桂花、山茶花、迎春花、海棠花、牡丹、芍药、丁香花、杜鹃花等，这些植物具有自然的色彩、美艳的姿态、美妙的芳香或是美洁的品性。观花类植物适宜成片种植，形成园中特定的观赏区；或植于厅前堂后的空地上供人观赏。

例如，扬州瘦西湖玲珑花界专设花圃种植芍药，每年仲春时节，细雨过后，一朵朵、一丛丛姿容艳艳，体态轻盈，或浓或淡的花朵美艳动人，竞相开放，把瘦西湖的春天装扮得分外妖娆。苏州网师园的殿春彩也是一处以芍药为主题的园林小景。

（三）观果类

观果类，以植物果实为观赏对象。观果类植物在时令上也与观花类、观叶类植物相交错。园林中常见的观果类植物有枇杷、橘子、无花果、南天竹、石榴等。灼灼绽放的花朵展现出生命横溢之美，而嘉实累累的硕果则让人感觉到生命的充实。植物的果实不仅可观、可嗅，还可以品尝，真可谓色、香、味俱全。岭南地区不仅是四季飘香的花地，也是水果之乡，因此栽种果树便成了岭南园林的一大亮点。东莞可园“擘红小榭”前庭院就是以荔枝、龙眼等果木作为主要景物，枝柯粗壮的荔枝浓荫蔽日，创造出幽邃宁静的庭院氛围。夏日炎炎之时，又可于绿荫下乘凉小憩、品尝新荔，其甜润清凉的味觉沁人心脾，于口于心都是一种享受。

（四）荫木类

荫木类植物是指生长繁茂又浓荫的植物，如梧桐、香樟、银杏、合欢、皂荚、枫杨、槐树等。有时园林为营造清幽静谧的空间氛围常常借助一些枝繁叶茂的树木来加强这种景意。这类树木的基本特征是树干高大粗壮、枝叶繁茂，以巨大的树冠遮出成片的浓荫。

例如，无锡寄畅园荫翳幽深的园林空间得益于园内几棵老香樟树，尤其是园中部和北部的绿色空间结构中香樟起着举足轻重的作用。它以浓绿的色调渲染了沿池亭榭的生机活力，而且彼此呼应，共同荫庇园内中北部的生态空间。

又如，嘉兴烟雨楼月台前的两棵银杏树，树体虬枝苍干，伟岸挺拔，一年四季都有景可赏。据说这两棵古银杏树已有400多年的历史，至今虬枝劲干、枝叶婆娑、风韵盎然，成为烟雨楼几百年沧桑风雨的历史见证。

（五）松针类

松针类，如马尾松、白皮松、罗汉松、黑松等。松树，常绿或落叶乔木，少数为灌木，因生长期长而受到皇家园林的青睐，表达了封建帝王以企江山永固的愿望。颐和园东部山地上自然随意地点种着各种松树，气势森然，让人一进园就有苍山深林的感觉。避暑山庄松云峡、松林峪植以茂密苍劲的松林，构成莽莽的林海景观，长风过处，松涛澎湃犹如千军万马组成的绿色方阵，声威浩大，于是园林中衍生出许许多多“听松处”。

（六）竹类

竹类，如象竹、紫竹、斑竹、寿星竹、观音竹、金镶玉竹、石竹等。中国古人向来喜欢竹，它修长飘逸，有翩翩君子之风；干直而中空，秉性正直，品性谦虚；竹节毕露，竹梢拔高，比喻高风亮节。这些都是古人崇尚的品质，与文人士大夫的审美趣味、伦理道德意识契合。古人爱竹，爱得真诚，爱得坦然，是个人品性的一种自然流露。魏晋时期，有因竹而盟的“竹林七贤”。苏州沧浪亭也以竹胜，园内有各种竹子20多种。看山楼北部曲尺形的小屋翠玲珑前后，绿竹成林，枝叶萦绕，使园中颇具山林野趣之景。

（七）藤蔓类

藤蔓类，如紫藤、蔷薇、金银花、爬山虎、常春藤等。藤蔓类基本上是攀缘植物，必须有所依附，或缘墙，或依山，形成一种牵牵连连的纠缠之美。

（八）水生植物

水生植物，如莲、荷、芦苇等。池中种植莲、荷是中国古典园林的传统，所以常把中心水池称为荷花池。荷花出淤泥而不染，花洁叶圆，清雅脱俗，与水淡远的气质相通相宜，是与水配景的最佳植物。

例如颐和园的荷花池，大多成片栽植，形成“接天莲叶无穷碧”的景象。

三、园林植物的养护管理

（一）园林植物的整形修剪

整形修剪是园林植物栽培中重要的养护管理措施。整形与修剪是两个不同的概念，整形是指将植物体按其习性或人为意愿整理或盘曲成各种优美的形状与姿态，使普通的植物提高观赏价值，产生其他植物达不到的观赏效果。修剪是指将植物器官的某一部分疏除或截去，达到调节树木生长势与复壮更新的目的。而整形除盘曲枝条外，还需通过修剪调节枝条长度、数量来实现，因此整形离不开修剪，修剪是实现整形的手段之一。故生产上将二者合称整形修剪。

1. 整形修剪的目的和作用

（1）整形修剪的目的

①控制树木体量不使生长过大

园林绿地中种植的花木其生存空间有限，只能在建筑物旁、假山、漏窗及池畔等地生长，为与环境协调必须控制植株高度和体量等。屋顶和平台上种植的树木，由于土层浅、空间小，更应使植株常年控制在一定的体量范围内，不使它们越长越大。宾馆、饭店内的室内花园中，栽培的热带观赏植物，应该压低树高缩小树冠，才适宜室内栽植。这些都必须通过修剪才能达到。

②促使树木多开花结实

已进入花期的花灌木，为保证年年花朵繁茂、秋实累累，必须合理和科学地修剪。此外，一些花灌木可通过修剪达到控制花期或延长花期的目的。

③使衰老的植株或枝条更新复壮

树木衰老后树冠出现空秃，开花量和枝条生长量减少，可通过修剪刺激枝干皮层内的隐芽和不定芽萌发，形成粗壮的、年轻的枝条，取代老株或老枝，达到恢复树势、更新复壮的目的。

④改善透光条件，提高抗逆能力

树木枝条年年增多、叶片拥挤，互相遮挡阳光，树冠内膛光照不足、通风不良，极易诱发病虫害。通过修剪适当疏枝，增加树冠内膛的通风、透光度，一方面使枝条生长健壮，另一方面降低冠内相对湿度，提高树木的抗逆能力和减少病虫害的发生概率。

⑤控制枝条的伸展方向

使树冠偏于一侧或造成各种艺术造型，以供观赏。如临水式、垂悬式、塔式和各种几何图案式。

（2）修剪的作用

①修剪对树木生长的双重作用

修剪的对象主要是各种枝条，但其影响范围并不限于被修剪的枝条本身，还对树木的整体生长有一定的作用。

局部促进作用：一个枝条被剪去一部分后，可以使被剪枝条的生长势增强，这是由于修剪后减少了枝芽数量，改变了原有营养和水分的分配关系，使养料集中供给留下的枝芽生长。同时修剪改善了树冠内膛的光照与通风条件，提高了叶片的光合效能，使局部枝芽的营养水平有所提高，从而加强了局部的生长势。

整体抑制作用：修剪对树木的整体生长有抑制作用，在于修剪后减少了部分枝条，树冠相对缩小，叶量及叶面积减少，光合作用制造的碳水化合物量少。同时修剪造成的伤口，愈合时也要消耗一定的营养物质。所以修剪使树体总的营养水平下降，树木总生长量减少。

修剪时应全面考虑其对树木的双重作用，是以促为主还是以抑为主，应根据具体的情况而定。

②修剪对开花结果的作用

修剪能调节营养生长和生殖生长的关系，生长是开花的基础，只有在良好的生长前提下，树木才能开花结实。但如果营养生长过旺，消耗的营养物质太多、积累过少，就会导致开花困难。在开花过多、营养消耗太大的情况下生长会受到抑制，从而引起早衰。合理的修剪能使生长与生殖取得平衡。

③修剪对树体内营养物质含量的影响

修剪后，枝条生长强度改变，是树体内营养物质含量变化的一种形态上的表现。树木修剪后，短剪后的枝条及其抽生的新梢中的含氮量和含水量增加，碳水化合物含量相对减少。这种变化随修剪程度波动，重剪则变化大。这种营养物质含量的变化在生长初期极为明显，随着枝条的老熟，氮的含量逐渐平衡，这与短剪后单枝生长势只在修剪当年增强是一致的。从全树的枝条看，氮、磷、钾的含量也因修剪后根系生长受抑制、吸收能力削弱而减少，所以修剪越重对树体生长的削弱作用越大。为了减少修剪造成的养分损失，应尽量在树体内含养分最少的时期进行修剪。一般冬季修剪应在秋季落叶后，养分回流到根部和枝干贮藏时及春季萌芽前树液尚未上升时进行为宜。

2. 树木枝芽生长特性与整形修剪的关系

（1）树木枝芽的特性与修剪

①芽的类别

依着生的位置分为顶芽、侧芽和不定芽。

顶芽在形成的第二年萌发，侧芽第二年不一定萌发，不定芽多在根颈处发生。

依芽的性质分为叶芽、花芽和混合芽。

叶芽萌发成枝，花芽萌发开花，混合芽萌发后既生花序又生枝叶。

依芽的萌发情况分为活动芽和休眠芽。

活动芽于形成的当年或第二年即可萌发。这类芽往往生长在枝条的顶端或是近顶端的几个腋芽。休眠芽第二年不萌发，以后可能萌发或一生处于休眠。休眠芽的寿命长短因树种而异。

②芽异质性

芽在形成的过程中，由于树体内营养物质和激素的分配差异和外界环境条件的不同，同一个枝条上不同部位的芽在质量上和发育程度上存在差异，这种现象称为芽的异质性。在生长发育正常的枝条上，一般基部及近基部的芽，春季抽枝发叶时，由于当时叶面积小叶绿素含量低，光合作用强度与效率不高，碳素营养积累少，加之春季气温较低，芽的发育不健壮、瘦小。

随着气温的升高，叶面积很快扩大，同化作用加强，树体营养水平提高。枝条中部的芽发育得较为充实。枝条顶部或近顶部的几个侧芽，是在树木枝条生长缓慢后，营养物质积累较多的时期形成的，芽多充实饱满，故基部芽不如中部芽。

③芽在修剪中的作用

不定芽、休眠芽常用来更新复壮老树或老枝。休眠芽长期休眠，发育上比一般芽年轻，用其萌发出的强壮旺盛的枝条代替老树，便可达到更新复壮的目的。侧芽可用来控制或促进枝条的长势及伸展方向，方便整形。

芽的质量直接影响着芽的萌发和萌发后新梢生长的强弱，修剪中利用芽的异质性来调节枝条的长势、平衡树木的生长和促进花芽的形成萌发。生产中为了使骨干枝的延长枝发出强壮的枝头，常在新梢的中上部饱满芽处进行剪截。对生长过强的个别枝条，为限制其旺长，可在弱芽处下剪抽生弱枝，缓和树势。为平衡树势，扶持弱枝，常利用饱满芽当头，能抽生壮枝，使枝条由弱转强。总之，在修剪中合理地利用芽的异质性，才能充分发挥修剪的应有作用。

（2）树木枝条生长习性与修剪

①枝条的类型

依枝条的性质分为营养枝与开花结果枝。在枝条上只着生叶芽，萌发后只抽生枝叶的为营养枝。营养枝根据生长情况又分为发育枝、徒长枝、叶丛枝和细弱枝。发育枝，枝条上的芽特别饱满，生长健壮，萌发后可形成骨干枝，扩大树冠，可培育成开花结果枝。徒长枝，一般多由休眠芽萌发而成，生长旺盛，节间长，叶大而薄，组织比较疏松，木质化程度较差，芽较瘦小，在生长过程中消耗营养物质多，常常夺取其他枝条的养分和水分，影响其他枝条的生长。故一般发现后立即剪掉，只有在需要用来进行复壮或填补树冠空缺时才加以保留和培养利用。叶丛枝，年生长量很小，顶芽为叶芽，无明显的腋芽，节间极短，可转化为结果枝。细弱枝，多生长在树冠内膛阳光不足的部位，枝细小而短，叶小而薄。

依枝条抽生时间及老熟程度分为春梢、夏梢和秋梢。在春季萌发长成的枝条称为春梢；由春梢顶端的芽在当年继续萌发而成的枝叫夏梢；若秋季雨水、气温适宜，还可由夏梢顶部抽生秋梢。新梢落叶后到第二年春季萌发前称为一年生枝；着生一年生枝或新梢的枝条叫二年生枝；当年春季萌发，当年在新梢上开花的枝条称为当年生枝条。

萌芽力是指一年生枝条上芽萌发的能力；成枝力是指一年生枝上芽萌发抽生成长枝的能力。

②树木的分枝方式

单轴式分枝。枝的顶芽具有生长优势，能形成通直的主干或主蔓，同时依次发生侧枝；侧枝又以同样方式形成次级侧枝。这种有明显主轴的分枝方式叫单轴式分枝（或总状式分枝），如银杏、水杉、云杉、冷杉、松柏类、雪松、银桦、杨等。

合轴式分枝。枝的顶芽经一段时期生长以后，先端分化成花芽或自枯，而由邻近的侧芽代替延长生长以后，又按上述方式分枝生长，这样就形成了曲折的主轴。这种分枝方式叫合轴式分枝，如成年的桃、杏、李、榆、核桃、苹果、梨等。

假二叉分枝。具对生芽的植物，顶芽自枯或分化为花芽，由其下对生芽同时萌枝生长所接替，形成叉状侧枝，以后如此继续，其外形上似二叉分枝，因此叫假二叉分枝。这种分枝式实际上是合轴分枝的另一种形式，如丁香、梓树、泡桐等。

树木的分枝方式不是一成不变的。许多树木年幼时呈总状分枝，生长到一定树龄后，就逐渐变为合轴或假二叉分枝。因而在幼青年树上，可见到两种不同的分枝方式，如玉兰等可见到总状分枝式与合轴分枝式及其转变痕迹。了解树木的分枝习性，对研究观赏树形、整形修剪、选择用材树种、培育良材等都有重要意义。

③顶端优势

同一枝上顶芽或位置高的芽抽生的枝条生长势最强，向下生长势递减。它是枝条背地性生长的极性表现，又称极性强。顶端优势也表现在分枝角度上。枝条越直立，顶端优势表现越强；枝条越下垂，顶端优势越弱。另外也表现在树木中心干生长势要比同龄主枝强；树冠上部枝比下部的强。一般乔木都有较强的顶端优势，越是乔化的树种，其顶端优势也越强；反之则弱。

④干性

植物的干性是指中心干强弱程度和持续时间的长短。顶端优势明显的树种，中心干强而持久。凡中心干坚硬，能长期处于优势生长者，叫干性强。这是乔木的共性，即枝干的中轴部分比侧生部分具有明显的相对优势。

⑤层性

主枝在中心主干上的分布或二级侧枝在主枝上的分布形成明显的层次。

层性是顶端优势和芽的异质性共同作用的结果。一般顶端优势强而成枝力弱的树种层性明显。代表性树木乔木位于中心干上的顶芽（或伪顶芽）萌发成一强壮中心干的延长枝和几个较壮的主枝及少量细弱侧生枝；基部的芽多不萌发而成为隐芽。同样在主枝上，以与中心干上相似的方式，先端萌生较壮的主枝延长枝和几个自先端至基部长势递减之侧生枝。其中有些能变成次级骨干枝；有些较弱枝生长停止早，节间短，单位长度叶面积大，生长消耗少，累积营养物多，因而易成花，成为树冠中的开花、结实部分。多数树种的枝基，或多或少都有些未萌发的隐芽。从整个树冠来看，在中心干和骨干枝上几个生长势较强的枝条和几个生长势弱的枝以及几个隐芽一组组地交互排列，就形成了骨干枝分布的成层现象。有些树种的层性一开始就很明显，如油松等；而有些树种则随树龄增大，弱枝衰亡，层性逐渐明显起来，如苹果、梨等。具有层性的树冠，有利于通风透光。但层性又随中心干的生长优势和保持年代而变化。树木进入壮年之后，中心干的优势减弱或失去优势，层性也就消失。不同树种的层性和干性强弱不同。裸子植物中的银杏、松属的某些种以及枇杷、核桃、杉等层性最为明显。而柑橘、桃等由于顶端优势弱，层性与干性均不明显。顶端优势强弱与保持年代长短，表现为层性明显与否。干性强弱是构成树冠骨架的重要生物学依据。干性与层性对研究园林树形及其整形修剪，都有重要意义。

3. 观赏树木常用的树形及修剪依据

（1）观赏树木常用的树形

①自然式修剪的树形

各个树种因分枝习性、生长状况不同，形成了各式各样的树冠形式。在保持树木原有的自然冠形基础上适当修剪，称自然式修剪。自然式修剪能体现园林的自然美。自然式的树形有如下几种：

塔形（圆锥形）：单轴分枝的植物形成的树冠之一，有明显的中心主干，如雪松、水杉、落叶松等应用最广。

圆柱形：单轴分枝的植物形成的树冠之一。中心主干明显，主枝长度从下至上相差甚小，故植株上下几乎同粗。如龙柏、铅笔柏、蜀桧等常用的修剪方式。

圆球形：合轴分枝的植物形成的冠形之一，如元宝枫、樱花、杨梅、黄刺玫等。

卵圆形：壮年的桧柏、加杨等。

垂枝形：有一段明显主干，所有枝条似长丝垂悬，如龙爪槐、垂柳、垂枝榆、垂枝桃等。

拱枝形：主干不明显，长枝弯曲成拱形，如迎春、金钟、连翘等。

丛生形：主干不明显，多个主枝从基部萌蘖而成，如贴梗海棠、棣棠、玫瑰、山麻秆等。

匍匐形：枝条匍地生长，如偃松、铺地柏等。

②整形式修剪的树形

根据园林观赏的需要，将植物树冠修剪成各种特定形式。由于修剪不是按树冠生长规律进行，生长一定时期后造型会被破坏，需要经常不断地整形修剪，比较费工费时耗资。整形修剪的树形有以下几种：

杯状形：有一段主干，树冠为（三股六杈十二枝）中心空如杯的形式。整齐美观，又解决了与上方线路的矛盾，故城市行道树常用此树形。

开心形：无中心主干或中心主干低，三个主枝向四周延伸，中心开展但不空。

圆球形：树冠修剪成圆球形，如大叶黄杨、紫薇、侧柏等。

动物、亭、台等形状：将植株整形修剪成各种仿生图像、亭台楼阁等。

几何图案形：常将绿篱修剪成梯形、矩形、杯形、半圆形等。

（2）整形修剪的依据

观赏树木的修剪原则是以轻为主，轻重结合，既考虑观赏的需要，又要考虑树势的平衡，防止早衰和利于更新复壮，最大限度地延长观赏年限，做到当前与长远相结合。园林中树木种类很多，各自的生长习性不同，冠形各异，具体到每一株树木应采用什么样的树形和修剪方式，应根据树木的分枝习性、观赏功能及环境条件等综合考虑。

①根据树种的生长习性考虑

选择修剪整形方式，首先应考虑植物的分枝习性、萌芽力和成枝力的大小、修剪伤口的愈合能力等因素。萌芽力、成枝力及伤口愈合能力强的树种，称为耐修剪植物；反之称为不耐修剪植物。九里香、黄杨、悬铃木、海桐等耐修剪植物，其修剪的方式完全可以根据组景的需要及与其他植物的搭配要求而定。不耐修剪的植物，如桂花、玉兰等以维护自然冠形为宜，只轻剪，少疏剪。

②根据树木在园林中的功能需要决定

园林中种植的众多植物都有其自身的功能和栽植目的，整形修剪时采用的冠形和方法因树而异。观花植物应修剪成开心形和圆球形，使其花团锦簇；观叶、观形植物应以自然为宜，让其枝繁叶茂。游人众多的主景区或规则式园林中，修剪整形应当精细，并进行各种艺术造型，使园林景观多姿多彩、新颖别致、生机盎然，发挥出最大的观赏功能以吸引游人。在游人较少的地区，或在以古朴自然为主格调的游园和风景区中，应当采用粗剪的方式，保持植物粗犷、自然的树形，使游人身临其境，有回归自然的感觉，可尽情领略自然风光。

③根据周围环境考虑

园林植物的修剪整形，还应考虑植物与周围环境的协调、和谐，要与附近的其他园林植物、建筑物的高低、外形、格调相一致，组成一个相互衬托、和谐完整的整体。另外还应根据当地的气候条件，采用不同的修剪方法。

④根据树龄树势决定

不同年龄的植株应采用不同的修剪方法。幼龄期植株应围绕如何扩大树冠，形成良好的树冠而进行适当的修剪。盛花时期的壮年植株，要通过修剪来调节营养生长及生殖生长的关系，防止不必要的营养消耗，促使分化更多的花芽。观叶类植物，在壮年期的修剪只是保持其丰满圆润的冠形，不能发生偏冠或出现空缺现象。生长逐渐衰弱的老年植株，应通过回缩、重剪刺激休眠芽萌发，发出壮枝代替衰老的大枝，以达到更新复壮的目的。

⑤根据修剪反应决定

同一树上枝条生长的位置、枝条的性质、长势和姿态不同，修剪程度不同，则修剪后树木的反应也不同，修剪效果就不同。所以修剪时，应顺其自然，做到恰如其分。

4. 观赏植物整形修剪的基本技术

（1）整形修剪的时期

一般来说，园林植物的修剪可以在以下两个时期进行：第一，冬季（休眠期）修剪；第二，夏季（生长期）修剪。

冬季修剪又叫休眠期修剪（一般在 12 月至翌年 2 月）。耐寒力差的树种最好在早春进行，以免伤口受风寒之害。落叶树一般在冬季落叶到第二年春季萌发前进行。冬季修剪对观赏树木树冠的形成、枝梢生长、花果枝形成等有很大影响。

夏季修剪又叫生长期修剪（一般在 4 月至 10 月）。从芽萌动后至落叶前进行，也就是说在新梢停止生长前进行。具体修剪的日期还应根据当地气候条件及树种特性而定。一年内多次抽梢开花的树木，花后及时修去花梗，使抽生新枝、开花不断延长观赏期，如紫薇、月季等观花植物。草本花卉为使株形饱满，抽花枝多，进行摘心。树木嫁接后，用抹芽、除蘖达到促发侧枝、抑强扶弱的目的，均在生长期内进行。观叶、观姿态的树木，发现扰乱树形的枝条要随时剪去。

（2）园林植物修剪的程序

概括地说，为“一知、二看、三剪、四拿、五处理、六保护”。一知是修剪人员必须知道修剪的质量要求、目的及操作规范；二看，对每株树看清先剪什么，后剪哪些，做到心中有数；三剪，按操作规范和质量要求进行修剪；四拿，及时拿走修剪下的枝条，清理现场；五处理，及时处理掉剪下的带有病虫的枝条（如烧毁、深埋等）；六保护，采取保护性措施。如修剪直径 2 cm 以上的大树时，截口必须削平，在截口处涂抹防腐剂、封蜡等。

（3）修剪方法与作用

①短截（剪）

短截（剪）即剪去一年生枝梢的一部分。

作用：增加枝梢密度；缩短枝轴和养分运输距离，利于促进生长和复壮更新；改变枝梢的角度和方向、改变顶端优势，调节主枝平衡；控制树冠和枝梢。

按剪口芽的质量、剪留长度、修剪反应可分为轻短剪、中短剪、重短剪、极重短剪等。

轻短剪：只剪去枝条顶端部分，留芽较多，剪口留较壮的芽。剪后可提高萌芽力，抽生较多的中、短枝条，对剪口下的新梢刺激作用较弱，单枝的生长量减弱，但总生长量加大；发枝多，母枝加粗快，可缓和新梢生长势。

中短剪：在枝梢的中上部饱满芽处短剪，留芽较轻短剪少，剪后对剪口下部新梢的生长刺激作用大，形成长、中枝较多，母枝加粗生长快。

重短剪：在枝梢的下部短剪，一般只在剪口留 1 ~ 2 个稍壮芽，其余为瘦芽。留芽更少，截后刺激作用大，常在剪口附近抽 1 ~ 2 个壮枝，其余由于芽质量差，一般发枝很少或不发枝，故总生长量较少，多用于结果枝组。

极重短剪：又称留橛修剪、短枝型修剪。在春梢基部 1 ~ 2 个瘪芽（或弱芽）处剪，修剪程度重，留芽少且质量差，剪后多发 1 ~ 2 个中、短枝，可削弱枝势，降低枝位。多用于处理竞争枝，培养短枝型结果枝。

②缩剪（回缩）

短剪多年生枝条，或在多年生枝条上短剪。

一般修剪量大。刺激较重，缩剪后母枝的总生长量减少了（即对母枝有较强的削弱作用），缩短了根叶距离，能促进剪口后部的枝条生长和潜伏芽的萌发抽枝，有更新复壮的作用。多用于枝组和骨干枝的更新和控制树冠、控制辅养枝等。

③疏剪（疏删）

把枝条（包括一年生或多年生枝条）从基部剪去。疏剪可去除病虫枝、干枯枝、无用徒长枝、过密交叉枝等。疏剪能改善通风透光条件，提高叶片光合作用，增加养分的积累，有利于植物的生长及花芽的分化。疏剪对全树起削弱生长势作用，伤口以上枝条生长势相对削弱，但伤口以下枝条生长势相对增强，这就是所谓的“抑上促下”作用。疏去大枝要分年逐步进行，否则会因伤口过多而削弱树势。疏枝要掌握从基部剪除，不留残桩且伤口面尽量小的原则。园林中绿篱和球形树短截修剪后会造成枝条密生，树冠内枯死枝、光杆枝过多，所以要与疏剪相结合。

④长放（甩放、缓放、甩条子）

利用单枝生长势逐年减弱的特性，对部分长势中等的枝条长放不剪，保留大量的枝叶，利于营养物质的积累，能促进花芽形成，使旺枝或幼树提早开花、结果。

⑤曲枝

曲枝即改变枝梢的方向。一般是加大与地面垂直线的夹角，直至水平、下垂或向下弯曲，也包括向左右改变方向或弯曲，撑、拉、吊枝等。

⑥环剥、环割

环剥是将枝干的韧皮部剥去一环。环割、倒贴皮、大扒皮都属于这一类。枝干缚缢，也有类似作用。

⑦除萌

剪除无用或有碍主干枝生长的芽。如月季、牡丹、花石榴等的脚芽。

⑧摘心、剪梢

生长季节中剪除新梢、嫩梢顶尖的技术措施（如蜡梅夏季生长时摘心，可促进养分积累，冬季多开花）。剪梢即在生长季节中，将生长过旺枝条的一般木质化新梢先端剪除，主要是调整树木主枝和侧枝的关系。

⑨扭梢和拿枝软化

在生长季内，将生长过旺的枝条，特别是着生在枝背上的旺枝，在中上部扭曲下垂称为扭梢，将新梢折伤不折断则为折梢。二者都是伤骨不伤皮，目的是阻止水分、养分向生长点输送，削弱枝条长势，利于短花枝的形成，如碧桃。

5. 不同植物的修剪方法

（1）行道树的修剪

可分为以下几种方法：有中央领导干树木的修剪；无中央领导干树木的修剪；常绿乔木的修剪。

①有中央领导干树木的修剪

此类树木栽植在无架空线路的路旁，修剪步骤为：第一，确定分枝点。在栽植前进行，一般确定在 3 m 左右，苗木小时可适当降低高度，随树木生长而逐渐提高分枝点高度，同一街道行道树的分枝点必须整齐一致。第二，保持主尖。要保留好主尖顶芽，如顶芽破坏，在主尖上选一壮芽，剪去壮芽上方枝条，除去壮芽附近的芽，以免形成竞争主尖。第三，选留主枝。一般选留主枝最好下强上弱，主枝与中央领导枝成 40° ～ 60° 的角，且主枝要相互错开，全株形成圆锥形树冠。

②无中央领导干树木的修剪

此类树木一般种植在架空线路下的路旁，修剪步骤为：第一，确定分枝点。有架空线路下的行道树，分枝点高度为 2 m 至 2.5 m，不超过 3 m。第二，留主枝。定干后应选 3 个至 5 个健壮分枝均匀的侧枝作为主枝，并短截

10 ~ 20 cm，除去其余的侧枝，所有行道树最好上端整齐，这样栽植后才会整齐。第三，剥芽。树木在发芽时，常常是许多芽同时萌发，这样根部吸收的水分和养分不能集中供应所留下的芽，这就需要剥去一些芽以促使枝条发育，形成理想的树形。在夏季，应根据主枝长短和苗木大小进行剥芽。第一次每主枝一般留 3 ~ 5 个芽，第二次定芽 2 ~ 4 个。

③常绿乔木的修剪

第一，培养主尖。对于多主尖的树木，如桧柏、侧柏等应选留理想主尖，对其余的进行 2 ~ 3 次回缩，就可形成一个主尖。如果主尖受伤，扶直相邻比较健壮的侧枝进行培养。像雪松等轮生枝条，选一健壮枝，将一轮中其他枝回缩，再将其下一轮枝轻短剪，就培养出一新主尖。

第二，整形。对树冠偏斜或树形不整齐的可截除强的主枝，留弱的主枝进行纠正。

第三，提高分枝点。行道树长大后要每年删除，删除时要上下错开，以免削弱树势。

（2）花灌木的修剪

①新栽花灌木的修剪

保持内高外低，成半球形。疏枝应外密内稀，以利于通风透光。为减少养分损耗，一般都要进行重剪。对于有主干的（如碧桃等）应保留 3 ~ 5 个主枝，主枝要中短截，主枝上侧枝也要进行中短截。修剪后要使树冠保持开展、整齐和对称。对于无主干（如紫荆、连翘、月季等）多从地表处发出许多枝条，应选 4 ~ 5 枝分布均匀、健壮的作为主枝，其余的齐根剪去。

②养护中灌木的修剪

对栽植多年的灌木，通过养护使其保持美观、整齐、通风透光，以利于生长。

③开花灌木的修剪

早春开花的灌木，如榆叶梅、迎春、连翘、碧桃等，花芽是上一年形成的，应在花后轻短截。夏季开花的，如百日红、石榴、夹竹桃、月季等，要在冬季休眠期重短截。一年多次开花的，花后及时修剪，促发新枝，使其开花不断。观叶、观姿态的，随时剪去扰乱树形的枝条。

规则式修剪或特殊造型的，需及时进行定型修剪和维护修剪，使其保持最佳的观赏形态。

（3）绿篱的修剪

按照高度不同，绿篱可分为绿墙、高绿篱、中绿篱及矮绿篱。绿墙高 1.8 m 以上，能够完全遮挡住人们的视线；高绿篱高 1.2 ~ 1.6 m，人的视线可以通过，但人不能跨越；中绿篱高 0.6 ~ 1.2 m，有很好的防护作用，最为常用；矮绿篱，高在 0.5 m 以下。

根据人们的不同要求，绿篱可修剪成不同的形式。

梯形绿篱：这种篱体横断面上窄下宽，有利于地基部侧枝的生长和发育，不会因得不到光照而枯死稀疏。

矩形绿篱：这种篱体造型比较呆板，顶端容易积雪而受压变形，下部枝条也不易受到充足的光照，以致部分枯死而稀疏。

圆顶绿篱：这种篱体适合在降雪量大的地区使用，便于积雪向地面滑落，防止积雪将篱体压变形。

自然式绿篱：一些灌木或小乔木在密植的情况下，如果不进行规整式修剪，常长成自然形态。

绿篱修剪的时期，要根据不同的树种和不同生长发育时期灵活掌握。

对于常绿针叶树种绿篱，因为它们每年新梢萌发得早，应在春末夏初之际完成第一次修剪，同时可以获得扦插材料。立秋以后，秋梢开始旺盛生长，这时应进行第二次全面修剪使株丛在秋冬两季保持整齐划一，并在严冬到来之前完成伤口愈合。对于大多数阔叶树种绿篱，在春、夏、秋季都可根据需要随时进行修剪。为获得充足的扦插材料，通常在晚春和生长季节的前期或后期进行。用花灌木栽植的绿篱不大可能进行规整式的修剪，修剪工作最好在花谢以后进行，这样既可防止大量结实和新梢徒长而消耗养分，又能促进新的花芽分化，为来年或以后开花做好准备。定植后的修剪，定植时按规定高度、宽度用手剪剪去多余部分，对于主干粗大的，注意不要使主枝劈裂，然后再用绿篱机修剪整齐。养护期修剪，一般用绿篱机修剪，方便快捷又省力。但每次不要剪得太轻，否则形状不易控制。修剪期间，对于女贞、黄杨、刺柏篱一年要进行 8 ~ 10 次修剪。对于玫瑰、月季、黄刺玫绿篱应在花后修剪。对各种植物造型要经常修剪。修剪要求高度一致、三面（两侧与上平面）平直、棱角分明。

（4）藤本类修剪

①棚架式

栽植后要就地重截，可发强壮主蔓，牵引主蔓于棚架上，如紫藤、木香等。对主干上主枝，仅留 2 ~ 3 个做辅养枝。夏季对辅养枝摘心，促使主枝生长。以后每年剪去干枯枝、病虫枝、过密枝。

②附壁式

如爬墙虎、凌霄、五叶地锦等植物，只需重剪短截后，将藤蔓引于墙面，每年剪去干死枝、病虫枝即可。

（5）大树的整形修剪

大树整形修剪的目的：一是保持大树的自然态势。为了促进或抑制树势，使树冠均衡美观，对衰老枝、弱枝、弯曲枝进行修剪，可促进其萌发生命力旺盛的、强壮的和通直的新枝，达到更新复壮、加强树势的目的；相反，对过强的枝条也可用修剪方法削弱其长势，使树冠内的枝条均衡分布。

二是创造和培养非自然的植物体貌。控制枝条的方向，体现设计理念，满足观赏要求。

三是改善通风透光条件。剪去枯枝、伤枝、病枝、虫枝，使树冠通风透光，光合作用得到加强，减少病虫害的发生。

四是将不利于植物生长的部分剪除，特别是萌蘖条和徒长枝。

五是为了展示树木诱人的树干，将乔木和大灌木下部枝条剪除，在每年休眠期，采用截顶强修剪，促使萌发旺盛的新枝，以最大限度地显露其美丽的树干。

六是调节营养生长与生殖生长关系。以观花、观果为主的树木，通过对枝条的修剪，调节树体的营养生长与生殖生长的矛盾，使营养物质合理分配，促进发芽，提早开花结果，克服观果树木的大小年现象，保持观赏效果。

七是调节矛盾，减少伤害。剪去阻碍交通信号及来往车辆的枝条，增进人们的安全感。

（6）常见树木修剪方法

①乔木类

樱花。多采用自然开心形。定干后选留一个健壮主枝，春季萌芽前短截，促生分枝，扩大树冠，以后在主枝上选留 3 ~ 4 个侧枝，对侧枝上的延长枝每年进行短截，使下部多生中、长枝。侧枝上的中长枝以疏剪为主，留下的枝条以缓放不剪，使中下部产生短枝并开花。每年要对内膛细枝、病枯枝疏剪，改善通风透光条件。

雪松。树干的上部枝要去弱留强，去下垂枝，留平斜向上枝。回缩修剪下部的重叠枝、平行枝、过密枝，在主干上间隔 50 cm 左右组成一轮主枝。主干上的主枝一般要缓放不短截。

水杉。以自然式修剪为主，只对枯死枝、病虫枝进行修剪，其他树枝任其自然生长。

紫叶李。定干后，主干上留 3 ~ 5 个主枝，均匀分布。冬季短截主枝上的延长枝，剪口留外芽，以便扩大树冠。生长期注意控制徒长枝，或疏除或摘心。

碧桃。多采用自然开心形，主枝 3 ~ 5 个，在主干上呈放射状斜生，利用摘心和短截的方法，修剪主枝，培养各级侧枝，形成开花枝组。一般以发育中等的长枝开花最好，应尽量保留使其多开花，但在花后一定要短截。长花枝留 8 ~ 12 个芽，中花枝留 5 ~ 6 个芽，短花枝留 3 ~ 4 个芽。注意剪口留叶芽，花束枝上无侧生叶芽的不要短截，过密的可以疏掉。树冠不宜过大，成年后要注意回缩修剪，控制各级枝的长势均衡。对于枯死枝、下垂衰老枝、病虫枝等要随时修剪。

白蜡。主要采用高主干的自然开心形。在分支点以上，选留 3 ~ 5 个健壮的主枝，主枝上培养各级侧枝，逐渐使树冠扩大。

法桐。以自然树形为主，注意培养均匀树冠。行道树要保留直立性领导干，使各枝条分布均匀，保证树冠周正；步行道内树枝不能影响行人步行时正常的视线范围；非机动车道内也要注意枝叶距离地面的距离，要注意夏季修剪，及时除蘖。同时及时修剪外围枝、下垂枝、密生枝、交叉枝、重叠枝、病虫枝等，以改善光照、透风等。

合欢。以自然树形为主，在主干上选留 3 个生长健壮、上下错落的枝条作为主枝，冬季对主枝进行短截，在各主枝上培养几个侧枝，也是彼此错落分布，各级分枝力求有明显的从属关系。随着树冠的扩大，就可以以自然树形为主，每年只对竞争枝、徒长枝、直立枝、过密的侧枝、下垂枝、枯死枝、病虫枝进行常规修剪。

栾树。冬季进行疏枝短截，使每个主枝上的侧枝分布均匀、方向合理。短截 2 ～ 3 个侧枝，其余全部剪掉，短截长度 60 cm 左右，这样 3 年时间可以形成球形树冠。每年冬季修剪掉干枯枝、病虫枝、交叉枝、细弱枝、密生枝。如果主枝过长要及时修剪，对于主枝背上的直立徒长枝要从基部剪掉，保留主枝两侧一些小枝。

女贞。定干后，以促进中心主枝旺盛生长，形成强大主干的修剪方式为主，对竞争枝、徒长枝、直立枝进行有目的的修剪。同时，挑选适宜位置的枝条作为主枝进行短截，短截要从下而上，逐个缩短，使树冠下大上小，经过 3 ～ 5 年，可以每年只对下垂枝、枯死枝、病虫枝进行常规修剪，其他枝条任其自然生长。

五角枫。自然树形为主，任其自然生长，只对枯死枝、病虫枝进行修剪。

广玉兰。修剪过于水平或下垂的主枝，维持枝间平衡关系。夏季随时剪除根部萌蘖枝，各轮主枝数量减少 1 ～ 2 个。主干上，第一轮主枝剪去朝上枝，主枝顶端附近的新枝注意摘心，降低该轮主枝及附近枝对中心主枝的竞争力。对于枯死枝、下垂衰老枝、病虫枝等要随时修剪。

龙爪槐。要注意培养均匀树冠，夏季新梢长到向下延伸的长度时，及时剪梢或摘心，剪口留上芽，使树冠向外扩展。冬季以短截为主，适当结合疏剪，在枝条拱起部位短截，剪口芽选择向上、向外的芽，以扩大树冠。对于枯死枝、下垂衰老枝、病虫枝等要随时修剪。

西府海棠。在主干上选留 3 ～ 5 个主枝，其余的枝条全剪掉，主枝上留外芽和侧芽以培养侧枝，而后逐年逐级培养各级侧枝，使树冠不断扩大。同时对无利用价值的长枝重短截，以利形成中短枝及花芽。成年树修剪时应注意剪除过密枝、病虫枝、交叉枝、重叠枝、枯死枝，对徒长枝疏除或重短截，培养成枝组，对细弱的枝组要及时进行回缩复壮。对于枯死枝、下垂衰老枝、病虫枝等要随时修剪。

②灌木类

紫荆。每年秋季落叶后，修剪过密过细枝条，可以促进花芽分化，保证来年花繁叶茂。花后，对树丛中的强壮枝摘心、剪梢，要留外侧芽，避免夏季修剪。紫荆可在 3 ～ 4 年生老枝上开花。

紫薇。可以对树形不好的植株剪掉重发，新发的树冠长势旺盛、整齐，落叶后对枝条分布进行调整，使树冠匀称美观。生长季节对第一次开花后的枝条进行短截，可以促成二次开花。

丁香。选 4 ~ 5 个强壮主枝错落分布，短截主枝，留侧芽，并将对生的另一个芽剥掉，过密的枝可以早一些疏掉。开花后剪去前一年枝留下的二次枝，花芽可以从该枝先端长出。

木槿。木槿 2 ~ 3 年生老枝仍可发育花芽、开花，可以剪去先端，留 10 cm 左右，多年生老树需重剪复壮。如需要低矮树冠，可以进行整体的立枝短截，粗大枝也可短剪，重新发枝成形。

石榴。隐芽萌发力非常强，一旦经过重修剪刺激，就会萌发隐芽。对衰老枝条的更新比较容易，修剪要注意去掉对生芽中的一个，注意及时除掉萌蘖、徒长枝、过密枝以及衰老枯萎枝条。夏季对需要保留的当年生枝条摘心处理，促使生长充实；冬季将各主枝剪掉 1/3 ~ 1/2，以扩张树冠。

红瑞木。落叶后适当修剪，保持良好树形。生长季节摘除顶心，促进侧枝形成。过老的枝条要注意更新，在秋季将基部留 1 ~ 2 芽，其余全部剪去，第二年可萌发新枝。4 月进行整形修剪为宜，因为这时萌芽力强，可长出新枝。夏季应摘心防止徒长。如秋季修剪，新枝已停止生长，萌芽慢，会使树木生长势变弱。

贴梗海棠。在幼时不强剪，在成形后要注意对小侧枝的修剪，使基部隐芽逐渐得以萌发成枝，使花枝离侧枝近。若想扩大树冠，可以将侧枝先端剪去，留 1 ~ 2 个长枝，待长到一定长度后再短截，直到达到要求大小。对生长 5 ~ 6 年的枝条可进行更新复壮。

榆叶梅。花后将花枝进行适度短截，剪去残花枝，对纤细的弱枝、病虫枝、徒长枝进行疏剪或短截。对多年生老枝应进行疏剪，以更新复壮。

金银木。花后短截开花枝，促发新枝及花芽分化，秋季落叶后适当疏剪整形。经 3 ~ 5 年利用徒长枝或萌蘖枝进行重剪，长出新枝代替老枝。

锦带花。花开于 1 ~ 2 年生枝上，在早春修剪时只需剪去枯枝和老弱枝条，不需短剪。3 年以上老枝剪去，促进新枝生长。

连翘。连翘花后至花芽分化前应及时修剪，去除弱、乱枝及徒长枝，使营养集中供给花枝。秋后剪除过密枝，适当剪去花芽少、生长衰老的枝条。3 ~ 5 年应对老枝进行疏剪，更新复壮 1 次。对于整形苗木，可以根据整形需要进行修剪。

黄刺玫。花后剪除残花和部分老枝。秋季落叶后，对徒长枝条进行短剪，疏剪枯枝、病虫枝、过密枝，适当剪去花芽少、生长衰老的枝条。多年生的老植株，适当疏剪过密枝、内膛枝。每 3 ~ 5 年应对老枝进行疏剪，更新复壮 1 次。

棣棠。花大多开在新枝顶端，花前只宜疏剪，不可短截。为促使多开花，应在花后疏剪老枝、密枝，如发现有枝条梢部枯死，可随时从根部剪除，以免蔓延。

珍珠梅。花后剪除花序，落叶后剪除老枝、病虫枝及弱枝。

月季。分冬剪和夏剪，冬剪在落叶后进行，要适当重剪，注意留取分布均匀的壮枝 4 ~ 6 个，离地高 40 ~ 50 cm。夏季修剪要注意，在第一批花后，将花枝于基部以上 10 ~ 20 cm 或枝条充实处留一健壮腋芽剪断，使第二批花开好；第二批花后，仍要继续留壮去弱，促进继续开花。

迎春。可以在 5 月剪去强枝、杂乱枝，6 月剪去新梢，留基部 2 ~ 3 节左右，以集中养分供应花芽分化。对过老枝条应重剪更新，拔除基部过多萌蘖。

紫叶小檗。幼苗定植时应进行轻度修剪，以促使多发枝条，有利于成形。每年入冬至早春前，对植株进行适当修整，疏剪过密枝、徒长枝、病虫枝、过弱的枝条，保持枝条分布均匀成圆球形。花坛中群植的紫叶小檗，修剪时要使中心高些，边缘的植株顺势低一点，以增强花坛的立体感。栽植过密的植株，3 ~ 5 年应重修剪 1 次，以达到更新复壮的目的。

大叶黄杨。根据整形需要进行修剪，一年中反复多次进行外露枝修剪，形成丰满形状。每年剪去树冠内的病虫枝、过密枝、细弱枝，使冠内通风透光。老球形树更新复壮修剪时选定 1 ~ 3 个上下交错生长的主干，其余全部剪除。第二年春，则可从剪口下萌发出新芽。待新芽长出 10 cm 左右时，再按球形树要求，选留骨干枝，剪除不合要求的新枝。为促使新枝多生分枝，早日形成需要的形状，在生长季节应对新枝多次修剪。

火棘。一年中最好剪 3 次，分别在 3—4 月强剪，保持观赏树形；6—7 月可剪去一半新芽；9—10 月剪去新生枝条。在生长两年后的长枝上短枝多，花芽也多，根据造型需要，剪去长枝先端，留基部 20 ~ 30 cm 就可以，达到控制树形的目的。平时注意徒长、过密和枯枝的修剪。

海桐。6月进行整形修剪为宜，因为这时萌芽力强，可长出新枝。夏季应摘心防止徒长。如秋季修剪，新枝已停止生长，萌芽慢，会使树木生长势变弱。

金叶女贞。每年入冬至早春前对植株进行适当修整，疏剪过密枝、徒长枝、病虫枝、过弱的枝条，保持枝条分布均匀成圆球形。花坛中群植的金叶女贞，修剪时要使中心高些，边缘的植株顺势低一点，以增强花坛的立体感。栽植过密的植株，3 ~ 5年应重修剪1次，以达到更新复壮的目的。作为绿篱时，生长季节适时修剪，保持整体美观。

枸骨。一般不做修剪，如果修剪可剪成单干圆头型、多干丛状型、矮化型等。

桂花。自然的桂花枝条多为中短枝，每枝先端生有4 ~ 8片叶，在其下部则为花序。枝条先端往往集中生长4 ~ 6个中小枝，每年可剪去先端2 ~ 4个花枝，保留下面2个枝条，以利来年长4 ~ 12个中短枝，树冠仍向外延伸。每年对树冠内部的枯死枝、重叠的中短枝等进行疏剪，以利通风透光。对过长的主枝或侧枝，要找其后部有较强分枝的进行缩剪，以利复壮。开花后至翌年3月，将拥挤的枝剪除即可。要避免在夏季修剪。

③藤木类

蔷薇。以冬季修剪为主，宜在完全停止生长后进行，过早修剪容易萌生新枝而遭受冻害。修剪时首先将过密枝、干枯枝、徒长枝、病虫枝从基部剪掉，控制主蔓枝数量，使植株通风透光。主枝和侧枝修剪应注意留外侧芽，使其向左右生长。修剪当年生的未木质化新枝梢，保留木质化枝条上的壮芽，以便抽生新枝。夏季修剪作为冬剪的补充，应在6—7月进行，将春季长出的位置不当的枝条，从基部剪除或改变其生长的方向，短截花枝并适当留生长枝条，以增加翌年的开花量。

紫藤。定植后，选留健壮枝做主藤干培养，剪去先端不成熟部分，剪口附近如有侧枝，剪去2 ~ 3个以减少竞争，也便于将主干藤缠绕于支柱上。分批除去从根部发生的其他枝条。主干上的主枝，在中上部只留2 ~ 3枚芽做2 ~ 3个辅养枝。主干上除发生一强壮中心主枝外，还可以从其他枝上发生10余个新枝，辅养中心主枝。第二年冬，对架面上中心主枝短截至壮芽处，以期来年发出强健下部主枝，选留两个枝条做第二、第三主枝进行短截。

全部疏去主干下部所留的辅养枝。以后每年冬季剪去枯死枝、病虫枝、互相缠绕过分的重叠枝。一般小侧枝留 2 ~ 3 枚芽短截，使架面枝条分布均匀。

凌霄。定植后修剪时，首先适当剪去顶部，促使地下萌发更多的新枝。选一健壮的枝条做主蔓培养，剪去先端未死但已老化的部分。疏剪掉一部分侧枝，保证主蔓的优势，然后进行牵引使其附着在支柱上。主干上生出的主枝只留 2 ~ 3 个，其余的全部剪掉。春季新枝萌发前进行适当修剪，保留所需走向的枝条。夏季对辅养枝进行摘心，抑制其生长，促使主枝生长。第二年冬季修剪时，可在中心主干的壮芽上方处进行短截。从主干两侧选 2 ~ 3 个枝条做主枝，同样短截留壮芽，留部分其他枝条作为辅养枝。冬春，萌芽前进行 1 次修剪，理顺主、侧蔓，剪除过密枝、枯枝，使枝叶分布均匀。

金银花。栽植 3 ~ 4 年后，老枝条适当剪去枝梢以利于第二年基部腋芽萌发和生长。为使枝条分布均匀、通风透光，在其休眠期间要进行 1 次修剪，将枯老枝、纤细枝、交叉枝从基部剪除。早春在金银花萌动前，疏剪过密枝、过长枝和衰老枝，促发新枝，以利于多开花。金银花一般一年开两次花。当第一批花谢后，对新枝梢进行适当摘心，以促进第二批花芽的萌发。如果做藤木栽培，可将茎部小枝适当修剪，待枝干长至需要高度时，修剪掉根部和下部萌蘖枝。如果做篱垣，只需将枝蔓牵引至架上，每年对侧枝进行短截，剪除互相缠绕枝条，让其均匀分布在篱架上即可。

常春藤。及时摘除组织顶芽，使组织增粗，促进分枝。随时剪除过密枝、徒长枝。

地锦。栽种时要对干枝进行中修剪或短截，成活后将藤蔓引到墙面，及时剪掉过密枝、干枯枝和病虫枝，使其均匀分布。

扶芳藤。一般较少修剪，栽后第 4 ~ 6 年保留主枝、侧枝，剪去徒长枝、病虫枝等即可。

（二）古树名木的养护管理

1. 古树名木的概念

中华人民共和国国家城市建设局 1982 年 3 月 30 日的文件规定：古树一般指树龄在百年以上的大树；名木是指稀有、名贵或具有历史价值和纪念意义的树木。

《中国大百科全书 · 农业》卷对“古树名木”的定义是：“树龄在百年

以上，在科学和文化艺术上具有一定价值，形态奇特或珍稀濒危的树木。”

2. 古树名木的评定标准及管理

（1）古树名木的评定标准

我国各省有各自的古树名木评定标准。一般古树名木依据其在历史、经济、科研、观赏等方面的不同价值分为三级。

一级：

①存活 500 年以上；

②在近代具有特殊史学价值；

③由国家元首或政府首脑种植或赠送的；

④由本地选育成功的具有国际先进水平的第一代珍贵稀有品种；

⑤在本地发现并经鉴定列为新种，并具有国际影响的标本树。

二级：

①存活 300 ~ 500 年；

②由古今中外著名人士赠送、种植、题咏过的树；

③在当地名胜景点起点缀作用；

④由本地选育成功的具有国内先进水平的第一代珍贵稀有品种；

⑤在本地发现并经鉴定列为新种，并具有国际影响的标本树；

⑥符合古树名木鉴定标准两条或两条以上。

三级：

凡不够一、二级的，但够上一般古树名木条件之一的列为三级保护。

（2）古树名木的分级管理

一级古树名木的档案材料，要抄报国家和省、市、自治区城建部门备案。

二级古树名木的档案材料，由所在地城建、园林部门和风景名胜区管理机构保存、管理，并抄报省、市、自治区城建部门备案。

各地城建、园林部门和风景名胜区管理机构要对本地区所有古树名木进行挂牌，标明管理编号、树种名、学名、科、属、树龄、管理级别及单位等。

3. 古树名木的价值

中国是文明古国，古树名木种类之多，树龄之长，数量之大，分布之广，名声之显赫，影响之深远，均为世界罕见。

我国现存的古树，有的已逾千年。它历经沧桑、饱经风霜，经过战争的洗礼和世事变迁的漫长岁月，依然生机盎然，为祖国灿烂的文化和壮丽山河增添不少光彩。保护和研究古树，不仅因为它是一种独特的自然和历史景观，而且因为它是人类社会历史发展的佐证者。它对于研究古植物、古地理、古水文和古历史文化都有重要的科学价值。

古树名木是历史的见证。我国的古树名木不仅在横向上分布广阔，而且在纵向上跨越数朝历代，具有较高的树龄。如我国传说中的周柏、秦松、汉槐、隋梅、唐杏（银杏）等，均可作为历史的见证。

古树名木是历代陵园、名胜古迹的佳景之一。古树名木苍劲古雅，姿态奇特，高大挺拔，使千万中外游客流连忘返。如北京天坛公园的“九龙柏”、香山公园的“白松堂”、陕西黄陵“轩辕庙”内的“皇帝手植柏”和“挂甲柏”等都堪称世界无双，把祖国山河装扮得更加美丽多娇。

古树对于研究树木生理具有特殊意义。树木的生长周期很长，相比之下人的寿命却短得多。对它的生长、发育、衰老、死亡的规律，我们无法用跟踪的方法加以研究。但古树的存在把树木生长、发育在时间上的顺序展现为空间上的排列，我们可将处于不同年龄阶段的树木作为研究对象，从中发现该树种从生到死的总规律。

古树对于树种规划有很大的参考价值。古树多为乡土树种，对当地气候和土壤条件有很强的适应性，因此古树是树种规划的最好依据。

4. 古树名木的养护管理

任何树木都要经历生长、发育、衰老、死亡等过程。也就是说，树木的衰老、死亡是客观规律。但是可以通过人为措施延缓其衰老、死亡进程，使树木最大限度地为人类造福。为此有必要探讨古树衰老的原因，以便有效地采取措施。

（1）古树名木衰老的原因

①树木自身因素

由于树种遗传因素的影响，树种不同，其寿命长短、发育进程、对外界不利环境条件的抗性以及再生能力等，均会有所不同。

②土壤密实度过高

古树因姿态奇特，树形美观，或是具有神奇传说，往往吸引大量的游客，树下地面受到频繁践踏，土壤板结，密实度增高，透气性降低，造成土壤环境恶化，对树木的生长十分不利。

③树干周围铺装面过大

有些地方用水泥砖或其他材料铺装，仅留很小的树盘，影响了地下与地上部分的气体交换，使古树根系处于透气性极差的环境中。

④土壤理化性质恶化

近些年来，有不少人在公园古树林中搭建帐篷，开各式各样的展销会、演出会或是成为居民日常锻炼身体的场所，这不仅使该地土壤密实度增高，同时还造成各种污染，有些地方还因增设临时厕所而造成土壤含盐量增加。

⑤根部营养不足

有些古树栽在奠基土上，植树时只在树坑中垫了好土，树木长大后根系很难向坚硬的土中生长，由于根系活动范围受到限制，营养缺乏，致使树木早衰。

⑥人为损害

由于各种各样的原因，在树下乱堆东西（如建筑材料、水泥、石灰、沙子等），特别是石灰，堆放不久树就会受害致死。有的还在树上乱画、乱刻、乱钉钉子，使树体受到严重破坏。

⑦病虫害

常因古树高大、防治困难而失管，或因防治失当而造成更大的危害。所以古树病虫害应以综合防治、增强树势为主，用药要谨慎。

⑧自然灾害

雷击雹打、雨涝风折都会大大削弱树势。

以上原因使古树生长的基本条件恶化，不能满足树木对生态环境的要求，树体如再受到破坏摧残，古树就会很快衰老以致死亡。

（2）古树名木的养护管理

①古树名木的调查、登记、存档

古树名木是记载一个国家、一个民族发展的活史书，也是记录一个地区千百年来气象、水文、地质、植被演变的活化石，是进行科学研究的宝贵资料，应该建立健全其资源档案。因此，必须对古树名木进行全面仔细的调查。调查内容主要有树种、树龄、树高、冠幅、胸径、生长势、生长地的环境条件以及对观赏和研究的作用、养护措施，还应搜集有关历史和其他资料。

在调查、分级的基础上进行分级养护管理，各级古树名木均应设永久性标牌，编号造册，并采取加栏、加强保护管理等措施。

②古树名木的一般性养护管理措施

支撑、加固。古树由于年代久远，树体衰老，会出现主干中空、主枝死亡、树体倾斜，故常需支撑、加固。其方法为：用钢管呈棚架式支撑，钢管下端用混凝土基加固；干裂的树干用扁钢箍起。

设围栏、堆土、筑台。游人容易接近古树的地方要设围栏进行保护，围栏一般要距树干 3 ~ 4 m。凡人流密度大、树木根系延伸较长者，围栏外地面要做透气铺装。在古树干基堆土或筑台可起保护作用，也有防涝效果。

立标志、设宣传栏。安装标志，标明树种、树龄、等级、编号，明确养护管理负责单位，设立宣传栏。既需就地介绍古树名木的重大意义与现况，又需集中宣传教育、发动群众保护古树名木。

加强肥水管理。在树冠投影外 1 m 以内至投影半径 1/2 以外的范围内进行环状深翻，增强土壤通气。肥料的种类以长效肥为主，夏季速生期增施速效肥，施肥后要加强灌水，以提高肥效。

防病防虫、补洞治伤，防止自然灾害，遇到病虫危害要尽快防治。对于各种原因造成的伤口，应当用锋利的刀刮净削平四周，使皮层边缘呈弧形，再用消毒剂消毒（常用消毒药剂有：2% ~ 5% 硫酸铜溶液、0.1% 升汞溶液、5 度石硫合剂等），最后涂抹保护剂（桐油、接蜡、沥青）。

修补树洞的方法有 3 种：开放法、封闭法和填充法。

开放法。树洞不深或无填充的必要时，可将洞内腐烂木质部彻底清除，刮去洞口边缘的死组织直至露出新组织为止，用药剂消毒，并涂防护剂。同时改变洞形，以利排水，也可以在树洞最下端插入排水管。以后需经常检查防水层和排水情况，防护剂每隔半年左右重涂一次。

封闭法。对较窄树洞可在洞口表面覆以金属薄片，待其愈合后嵌入树体。也可将树洞经处理消毒后，在洞口表面钉上板条，以油灰和麻刀灰封闭，再涂以白灰乳胶，颜料粉面，以增加美感，还可以在上面压树皮状纹或钉上一层真树皮。

填充法。填充物最好是水泥和小石砾的混合物，也可用沥青与沙的混合物或聚氨酯泡沫材料。填充材料必须压实，为加强填料与木质部连接，洞内可钉若干电镀铁钉，并在洞口内两侧挖一道深约 4 cm 的凹槽。

填充物从底部开始，每 20 ~ 25 cm 为一层用油毡隔开，每层表面都向外略斜，以利排水，填充物边缘应不超过木质部，使形成层能在它上面形成愈伤组织。外层用石灰、乳胶涂抹，为了美观且富有真实感，还可在最外面钉一层真树皮。

设避雷针。高大的树木容易遭受雷击，被雷击后严重影响树形和树势，甚至导致死亡，所以古树应加避雷针。如果遭受雷击应立即将伤口刮平，涂上保护剂，并堵好树洞。

整形修剪。以少整枝、少短截、轻剪、疏剪为主，基本保持原有树形为原则，以利通风透光，减少病虫害。必要时也可适当重剪，促进更新、复壮。

5. 古树名木的复壮技术

古树复壮是运用科学合理的养护管理技术，使原本衰弱的古树重新恢复正常生长、延续其生命的措施。当然必须指出的是，古树复壮技术的运用是有前提的，它只对那些虽说老龄、生长衰弱，但仍在其生物寿命极限之内的树木个体有效。

（1）深耕松土

其主要方法是在树干周围深翻土壤，范围比树冠稍大，深度要求在 40 cm 以上。园林假山上不能深耕时，要观察根系走向，用松土结合客土、覆土保护根系。

（2）开挖土壤通气孔

在古树林中挖地井，深 1 m，四壁用砖砌成 40 cm × 40 cm 的孔洞，上覆铁栅，使之成为古树根系透气的“窗口”。

（3）埋条法

在古树根系范围挖放射沟和环形长沟，填埋适量的树枝、腐叶土、熟土等有机材料来改善土壤的通气性以及肥力条件。每条沟长 120 cm，宽 40 ~ 70 cm，深 80 cm。沟内先垫放 10 cm 厚的松土，再把剪好的树枝捆成捆，平铺一层，每捆直径 20 cm 左右，上撒少量松土，同时施入粉碎的酱渣和尿素，每沟施麻酱渣 1 kg、尿素 50 g。为补充磷肥可放少量的动物骨头和贝壳等物，覆土 10 cm 后放第二层树枝，最后覆土踏平。如果株行距大，也可采用长沟埋条。沟宽 70 ~ 80 cm，深 80 cm，长 200 cm 左右，然后分层埋条施肥，覆盖踏平。应注意埋条处的地面不能低，以免积水。

（4）地面铺梯形砖或草皮

以改变土壤表面受人为践踏的情况，使土壤与外界保持正常的水气交换。在铺梯形砖和地被植物之前，应先对土壤施入有机肥，随后在表面上铺置上大下小的特制梯形砖、带孔的或有空花条纹的水泥砖。砖与砖之间不勾缝，留有通气道，下面用砂衬垫，同时还可以在埋树条的上面铺设草坪或地被植物，并围栏杆禁止游人践踏。

（5）加塑料

耕锄松土时埋入聚苯乙烯发泡材料（可利用包装用的废料），撕成乒乓球大小，数量不限，以埋入土中不露出土面为宜。聚苯乙烯分子结构稳定，目前无分解它的微生物，故不刺激植物根系，渗入土中后土壤容重减轻，气相比例提高，有利于根系生长。

（6）挖壕沟

一些名山大川中的古树，由于所处地位特殊不易截留水分常受旱灾，可以在上方距树 10 m 左右处的缓坡地带沿等高线挖水平壕沟，深到风化的岩石层，平均为 1.5 m，宽 2 ~ 3 m，长 7.5 m，向外沿翻土，筑成截留雨水的土坝，底层填入嫩枝、杂草、树叶等，拌入表土。这种土坝在正常年份可截留雨水，同时待填充物腐烂以后可形成海绵状的土层，更多地蓄积水分，使古树根系长期处于湿润状态。

（7）换土

在树冠投影范围内，对大的主根部分进行换土，挖土深 0.5 m（随时将暴露出来的根用浸湿的草袋子盖上），以原来的旧土与沙土、腐叶土、锯末、少量化肥混合均匀之后填埋其上。可同时挖深达 4 m 的排水沟，下层填以大卵石，中层填以碎石和粗砂，上面以细砂和园土填平，以排水顺畅。

（三）地被植物栽培养护

1. 地被植物的概念、特点

（1）概念

地被植物是指某些有一定观赏价值，铺设于大面积裸露平地、坡地，适于阴湿林下和林间隙地等各种环境条件，覆盖地面的多年生草本和低矮丛生、枝叶密集、偃伏性、半蔓性的灌木以及藤本植物。简单地说是指覆盖于地表的低矮的植物群。在植物种类上，不仅包括多年生低矮草本和蕨类植物，还有一些适应性强的低矮、匍匐型的灌木和藤本植物。

（2）地被植物的生物学特点

①覆盖力强，适应能力强，种植以后不需经常更换，能够保持连年持久不衰；

②生长期长，多年生，绿叶期长；

③高矮适度，耐修剪；

④适应性、抗逆性强；

⑤容易繁殖，生长迅速，管理粗放；

⑥有较高观赏价值和经济价值。

（3）地被植物的景观特点

①种类丰富，观赏性多样；

②丰富季相变化；

③烘托和强调园林主景点；

④协调元素，与草坪相似；

⑤装饰立面，掩饰基础，减少水土流失；

⑥环境效益显著，养护管理简单。

2. 地被植物的分类

（1）按覆盖物的性质分

①活地被植物

低矮，生长致密，覆盖地面，以丰富层次、增添景色。

②死地被植物

无生命的死有机物层，植物凋落的枯枝、落叶、花、果、树皮等，粉碎后的树皮、碎木片、枯枝、落叶等。保护土层不被冲刷，避免尘土飞扬；控制杂草滋生；吸湿保土，增加局部空气湿度；腐烂后转化养分，代替施肥。

（2）按地被植物种类区分

①草本地被植物

有一、二年生的，还有多年生宿根、球根类草本，如鸢尾、葱兰、麦冬、水仙、石蒜、二月兰等。自播能力强，连作萌生，持续不断。

②藤本地被植物

藤本植物具有蔓生性、攀缘性及耐阴性的特点，常用于垂直绿化，高速路、公路及立交桥护坡绿化。常见的有铁线莲、常春藤、络石、爬山虎、迎春、探春、地锦、山葡萄、金银花等。

③蕨类地被植物

蕨类植物分布广泛，特别适合在温暖湿润处生长。在草坪植物、乔灌木不能良好生长的阴湿环境里，蕨类植物是最好的选择。常见的有石松、贯众、钱线蕨、凤尾蕨、肾蕨、波士顿蕨、乌毛蕨等。

④矮竹地被植物

用于绿地假山、岩石中间，易管理。常见的如凤尾竹、翠竹、箬竹、金佛竹等。

⑤矮生灌木地被植物

亚灌木植株矮小、分枝众多且枝叶平展，丛生性强，呈匍匐状态，铺地速度快，枝叶的形状和色彩富有变化，有的还有鲜艳的果实，且易于修剪造型。常见的有十大功劳、小叶女贞、金叶女贞、紫叶小檗、杜鹃、八角金盘、铺地柏、六月雪、枸骨等。

⑥香味地被植物

如紫茉莉、茉莉、栀子。可用于观花、观果、闻香。

（3）按景观效果分

①常绿地被

一年四季都能生长，保持全绿，没有明显的落叶休眠期，如铺地柏、石菖蒲、麦冬类、常春藤、土麦冬、沿阶草、吉祥草等。

②落叶地被

秋冬季落叶或枯萎，第二年再发芽生长，抗寒性较强，如花叶玉簪、蛇莓、草莓、平枝栒子（观花、观果、观枝叶）等。

③观花地被

低矮，花期长，花色艳丽，繁茂，花期观赏为主，如金鸡菊、二月兰、红花酢浆草、地被菊、花毛茛。花叶兼美，如石蒜类、水仙花。常年开花，如蔓长春花、蔓性天竺葵等。

④观叶地被

终年翠绿，有特殊的叶色与叶姿，如常春藤类、蕨类、菲白竹、玉带草、八角金盘、连线草、马蹄金等。

（4）按配植的环境分

①空旷地被

空旷地光照充足，气候较干燥，应选用阳性植物。观花类，如美女樱、常夏石竹、福禄考、太阳花等。

②林缘、疏林地被

林缘、疏林地属半阴环境，可根据不同的蔽荫程度选用不同的阴性植物，如二月兰、石蒜、细叶麦冬、蛇莓等。

③林下地被

林下荫浓、湿润，应选阴生植物，如玉簪、虎耳草、桃叶珊瑚等。

④坡地地被

土坡、河岸边的坡度较大、地层薄，应选抗性强、根系发达、蔓延迅速的植被，用以防冲刷、保水土，如小冠花、苔草、莎草等。

⑤岩石地被

山石缝间、岩石园干旱、贫瘠、环境严酷，应选耐旱、耐瘠，旱生结构的植被，如常春藤、爬山虎、石菖蒲、野菊花等。

（5）按生态习性分

①喜光耐践踏型

栽植在路边、坡脚等处，如马蔺等。

②较喜光型

宜做花坛、树坛的边饰点缀，如萱草、鸢尾等。

③耐半阴型

宜栽植在疏林或林缘，如偃松、金银花等。

④耐浓阴型

宜栽植在密林下，如沿阶草、宝盖草等。

⑤喜阴湿型

宜在水边、湿地栽植，如唐菖蒲等。

⑥耐干旱瘠薄型

宜在干旱少雨或灌溉不便的、土质瘠薄的地方栽植，如石蒜、百里香等。

⑦喜酸型

适宜在酸性土壤中生长，如水栀子等。

⑧耐盐碱型

可在盐碱土壤中生长，如扫帚草等。

3. 地被植物的选择标准

地被植物在园林绿化中所具有的功能决定了地被植物的选择标准。一般来说，地被植物的筛选应符合以下标准：①多年生，植株低矮，一般分为 30 cm 以下、50 cm 左右、70 cm 左右 3 种；②全部生育期在露地栽培，绿叶期较长，绿叶期不少于 7 个月；③生长迅速、繁殖容易、管理粗放，能用多种方式繁殖，且成活率高；④适用性强、抗逆性强、无毒、无异味；⑤花色丰富、持续时间长、观赏性好、覆盖力强、耐修剪。

4. 地被植物的繁殖

为了大面积地覆盖地表，成片种植地被植物，一般要求采用简易粗放的繁殖和种植方法。目前我国各地常用的方法主要有以下几种。

（1）自播法

指具有较强的自播覆盖能力的地被植物，一般它们的种子成熟落地，就能自播繁殖，更新复苏。播种一次后可年年自播，且繁殖力很强。

我国地被植物资源丰富，具有较好自播能力的种类较多，如二月兰、紫茉莉、诸葛菜、大金鸡菊、白花三叶草、地肤等，蛇莓、鸡冠花、凤仙花、藿香蓟、半枝莲等也具有一定的自播能力。地被植物自播繁衍，管理粗放，绿化效果显著，很受人们欢迎。

（2）直接撒播种子法

直接撒播种子是目前地被植物栽培中常用的一种方法。它不仅省工省事，且易扩大栽培面积。种子可直播的植物可在平整的土地上撒播，出苗整齐、迅速，密植很容易覆盖地面，如菊花脑等。

（3）营养繁殖法

地被植物中有很多种类可采用营养器官繁殖的方法来扩大地被的栽培面积，常用方法有：分株分根法，如萱草、菲白竹、箬竹、麦冬、石菖蒲、沿阶草、万年青、吉祥草、宿根鸢尾等；分植鳞茎法，如石蒜、葱兰、韭兰、水仙、白苏、酢浆草、白芨等；营养枝扦插法，如常春藤、络石、菊花脑、垂盆草等。

（4）育苗移栽法

在种子不足、扦条短缺或者出苗不均匀时可采用此法。可先育苗后成片移往种植地，如美女樱、福禄考等。

5. 地被植物的养护管理

（1）水分管理

大部分野生地被植物具有很强的抗旱性，当给予适当的水分供应时会表现得长势更好、更健壮。这种“适当”的程度需要经过一部分相关的实验摸索总结，否则充足的水分供应会增加养护工作量，如增加修剪频次，甚至病虫害的发生。当年繁殖的小型观赏和药用地被植物，应每周浇透水 2 ~ 4 次，以水渗入地下 10 ~ 15 cm 处为宜。浇水应在上午 10 时前和下午 4 时后进行。

（2）施肥

地被植物生长期内应根据各类植物的需要，及时补充肥力。常用的施肥方法是喷施法，因此法适合于大面积使用，又可在植物生长期进行。此外，亦可在早春、秋末或植物休眠期前后，结合加土进行施肥，对植物越冬很有利。还可以因地制宜，充分利用各地的堆肥、厩肥、饼肥及其他有机肥料。施用有机肥必须充分腐熟、过筛，施肥前应将地被植物的叶片剪除，然后将肥料均匀撒施。

（3）修剪平整

一般低矮类型品种不需经常修剪，以粗放管理为主。但对开花地被植物，少数残花或花茎高的，须在开花后适当压低，或者结合种子采收适当整修。

（4）防止斑秃

与草坪管理一样，在地被植物大面积的栽培中也忌讳出现斑秃。因此，一旦出现要立即检查原因，如土质欠佳，要采取换土措施，并以同类型的地被进行补充，恢复美观。

（5）更新复苏

在地被植物养护管理中，常因各种不利因素，成片地出现过早衰老。此时应根据不同情况对表土进行刺孔，使其根部土壤疏松透气，同时加强肥水。

对一些观花类的球根及鳞茎等宿根地被，须每隔 3 ~ 5 年进行分根翻种，否则也会引起自然衰退。

（6）地被群落的配置调整

地被植物栽培期长，但并非一次栽植后一成不变。除了有些品种能自行更新复壮外，均需从观赏效果、覆盖效果等方面考虑，人为进行调整与提高实现最佳配置。

首先，注意花色协调，宜醒目，忌杂乱。如在绿茵似毯的草地上适当种植些观花地被，其色彩容易协调，例如低矮的紫花地丁、黄花蒲公英等。又如在道路或草坪边缘种上香雪球、太阳花，则显得高雅、醒目。其次，注意绿叶期和观花期的交替衔接。如观花地被石蒜、忽地笑等，它们在冬季只长叶，夏季只开花，而四季常绿的细叶麦冬周年看不到花。如能在成片的麦冬中增添一些石蒜、忽地笑，则可达到互相补充的目的。

6. 地被景观设计原则

（1）适时、适地选择种类品种

根据当地气候、土壤、光照等条件选择乡土植物、野生植物，能减少养护费用，达到事半功倍的效果。

（2）遵循植物群落学规律

乔木、灌木、地被适宜群落组合。景观效果互补，生物习性和生态习性互补。深根性乔木加浅根系地被、林下耐阴植物混栽，避免弱肉强食，自然淘汰。

（3）和谐统一的艺术规律

①本身观赏性与环境协调，如大空间，枝叶大；小空间，细叶。

②混栽配置种类宜少不宜多，如本身季相变化大，太多易显杂乱。

③观赏性状互补，如生长期与休眠期互补，观花、观叶互相衬托。

7. 地被植物的应用价值

地被植物是园林绿化的主要组成部分，在园林绿化中起着重要的作用。首先，能增加植物层次、丰富园林景观，给人们提供优美舒适的环境；其次，由于叶面积系数的增加，在减少尘埃与细菌的传播、净化空气、降低气温、改善空气湿度等保健方面具有不可替代的作用；再次，能保持水土，护坡固堤，防止水土流失，减少和抑制杂草生长；最后，因可选用的植物品种繁多，有不少种类如麦冬、万年青、白芨、留兰香、金针菜等都是药用、香料的天然原料，在不妨碍园林功能的前提下还可以增加经济收益。

第二节　园林植物景观的文化意境

一、艺术布局，整体气势与精致细节的搭配

园林讲究构图层次、自然、意境的表现，这和中国绘画正好不谋而合。园林的造园艺术法则就是要在有限空间中利用有限景物创造无限的意境，达到道法自然的境界。

（一）分析环境，屏、借有致

在布局之前，应对周边环境进行细致的分析，俗则屏之，佳则收之，巧于因借是古典园林造景的精髓，也是现代园林造景不可或缺的重要手法。只注重场地小范围的植被空间，则如一叶障目，缺少了大气的格局。

（二）分析布局，体现场地肌理

在植物空间的营造中，应与总体的景观布局一致，与场地内的山水肌理一致。植物造景也与绘画构图一样，空间应疏密有致，布局灵活，尽量避免“平、齐、均”。

如何决定所要描绘的对象中主要景物和陪衬景物是山水画构图的首要步骤。园林布局还重视虚实、开合和取舍的艺术原则，也从侧面表明了绘画构图要注意空间疏密有致、布局灵活，尽量避免“平、齐、均”的现象。

只有园林植物景观的主次分明，空间开合变化才能营造出如中国画讲究的“宽可走马，密不容针”。讲究粗细结合，大空间营造气势，细节植物配置体现精致景观。讲究节奏与韵律的变化，营造出或曲径通幽或柳暗花明的不同景致。

二、紧扣主题，营造园林意境

植物造景围绕设计主题，合理选择植物品种与配置形式，烘托景观主题。

三、结合地形及园建，营造画境

植物造景上讲究自然，其不单是植物本身的组合（如树丛），也同时注重与山水、建筑等的有机融合，使之尽量达到“虽由人作，宛自天开“的效

果。针对建筑、小品的特色与形式，根据造景的法则进行构思、立意、布局，将植物与布景的要素构成一幅富有生机、三维动态的立体效果画卷。

在植物与构筑的空间、大小、色彩、线条等方面进行协调与对比。竹与窗、芭蕉与墙隅、柳荫与堤岸、绿树与建筑掩映成趣等都有画意展现。注重植物的层次搭配与立面关系，注重树形的搭配与节奏变化，注重树木与地形的高低关系，营造舒适的天际线变化。

不宜高处种植矮树，低处种植高树，与地形的走势相背离；忌讳以道路、铺装等划分，两侧各种植不同品种植物，形成"阴阳头"的配置形式，缺少植物景观呼应性与连续性。在园林道路中注重景观效果的同时也需要考虑道路两侧的遮阴效果，将适用性与美观性合理结合。

（一）分析场地的历史承载与底蕴

选择造景植物的品种其蕴含的气质应该与场地的气质相吻合。古人常常以花木言志，将花木人格化，讲究树木花草的"比德"情趣，表达中国文人淡泊、清高、自持、正直的品格。竹体现气节、牡丹代表富贵、玉兰有高洁之意等，金粟亭"玉阶桂树闲婆娑"、满觉陇的桂花飘香等都是植物结合景点营造诗意景观。

如东湖梨园的景观提升，结合梨园本身的历史沿革，营造宋代诗人晏殊的"梨花院落溶溶月，柳絮池塘淡淡风"的意境，依托建筑将梨树、垂柳作为点题主景树，烘托主题。选用竹、南天竺、芭蕉、海棠、白玉兰等庭院植物，形成庭院深深的院落景观。

如济南国际园博会中的武汉园设计以屈原为主题，园林景观营造台榭陂池的楚式园林特色，在植物的选择与应用上以《离骚》中的植物形成园林植物风格的素材，选用紫玉兰、芍药、菖蒲、荷花等的香草、香木体现诗人的忠贞与贤良，植物配置很好地呼应了展园的主题表达。

（二）依据植物习性选择品种及意境体现

在设计中应充分了解植物的习性，对于光照、土壤、水分等的要求，合理配置种植位置与景观层次。滨水的垂柳依依营造了苏堤春晓之景，满池荷香扑面来点出了远香堂之意，都是将植物的生长习性与传统寓意相协调进行综合配置。

（三）善于借外物来烘托植物意境

在景观营造中不仅要注重植物的姿态美，还应该考虑其四时变化的季相之美、日月更替的光影之美、风雨雷电的声音之美。

景是客观存在的一种物象，是看得见、听得到、嗅得着（香味），也摸得着的实体。这种景象能对人的感官起作用，而产生一种意境，有这种意境，就可以产生诗情画意，境中有意，意中有情，以此表现出中国园林的特色与风格。

植物则是创造由景物—意境—情感—哲理过程中的重要组成部分，是园林景观的活力之泉。植物景观的营造不是简单地挖坑栽树，不论是其个体的姿态美还是其整体营造的层次之美，都需要我们对于设计场地进行细致的分析，合理选择植物的品种与种植形式，要以理性的思维、艺术家的画笔、诗人的浪漫营造充满内涵的植物景观作品，创造诗情画意般的园林景观，以此来激发人对美的向往和追求。

第三节　园林植物景观的环境影响

一、园林植物造景可以美化环境

（一）协调环境，美化建筑物

生硬的建筑形体与柔和多变的园林植物的有机搭配，在视觉感官上不仅软化了建筑物的硬线条，同时使周边的环境变得更加完美，空气中充满了生机与活力。园林植物与建筑物的有机搭配可以采用多种形式，可以墙角种植，也可以基础栽植，同时还可以墙壁绿化，根据环境的特点合理搭配以增强环境气氛；在视线开阔、体型较大的建筑物附近，要种植干高枝粗、挺拔伟岸的树种；在风格独特、玲珑精致的建筑物附近，要种植冠密叶小、姿态轻盈的树种，以实现环境与植物造景的协调美观。

（二）与自然山水互相衬托，创造动态意境美

园林植物造景依托自然山水和谐搭配，自然山水依托造景植物装点陪衬，二者相互衬托、协调一致，创造出一种环境的动态美、意境美，“石因树灵，山因水活”，在自然山水间，多彩亮丽的造景植物野趣横生，增添了无限的自然美的韵味，此起彼伏的山川、川流不息的清泉经姿态优美的树木错落搭

配，更加增强了大自然的壮美与多姿。乔木、灌木错落搭配其间，与水体相互衬托，清清的小溪映照着树木的倒影，浓密的枝叶遮蔽着清清的山泉，仿佛万物都产生了一种灵性，相互依托，活泼动人，静中有动，动中有静，景为物配，物为景生，山川、水体无一不借助植物增添色彩，绿树、鲜花无一不借助山川、水体来增添完美的意境，所有的一切相互衬托，创造环境的动态意境美。

二、园林造景植物可以改善环境

（一）造景植物对于保持水土、涵养水源具有积极作用

植物造景可以保持水土、涵养水源，如果道路广场比绿地高出一小部分就可以有效减小洪灾的破坏作用。如果在坡地上铺草，土壤被冲刷流失的现象就可以有效减少，在园林绿化工作中，为了达到涵养水源的目的，可以选择一些生长稳定、干高枝粗、截留雨量能力强、郁闭度强，根系深广、吸水性比较强的落叶层的树种。这种树种可以有效加强固土固石，并且渗水性也比较好，水分可以快速渗入土壤，根系较深的树木主要有南蛇藤、枫杨、柳树、胡枝子、水杉等树种，这些树种可以有效地保持水土、涵养水源，并且减少地表径流，对于减少河、海、湖地表径流污染也起到积极作用。

（二）造景植物对于防风、固沙也有积极作用

造景植物还可以有效地防风、固沙，树林可以有效降低风的速度，无论是迎风面还是背风面，当风遇到树林的时候，都可以有效降低风速，但是从效果上看，背风面降低风速的效果比较明显。因此，一些城市设置防护林带时应该选择背风面为防护林区，主风向与防风林带的方向应该垂直，这样才能够有效地起到防护风沙的作用。对多风害的城市来说，选择适当的位置建设城市防风林带意义非常重大。防风林带的位置一定要选好，同时还要选好防风林带的树种，这也是一项非常重要的工作。在选择树种时，我们要选择生长期长、抗风能力强、生长速度快、树龄长久的树种，如果是华北以及东北地区，可以选择圆柏、乌柏、杨树、柳树、黑松等树种。这些树种对于防风、固沙，保护环境都具有积极意义。

（三）造景植物对环境的其他影响

高大乔木和矮小灌木含水量都比较高，适宜种植在容易发生火灾的物体附近，因为这种植物着火点比较低，不易燃烧，可以起到阻燃作用，即具有

防火作用，又可以美化环境。这类树种主要有银杏、山茶、棕榈、珊瑚树、八角金盘等。另外，如果是热带海洋气候地区，则可以在浅海泥滩种植红树做防浪墙；在寒带地区可以用树林来有效地防护风雪；沿海地区可以用树林防护海风的侵袭。另外，园林植物造景还具有降低环境温度、提高空气质量、遮挡阳光、吸收辐射、净化空气以及保护环境的作用。

园林植物造景对于保护环境、生态城市建设具有很重要的意义，根据城市的环境特点有针对性地进行绿化配置将可以有效地保护环境、美化环境，对于城市的发展以及环境的改善都具有积极的意义。

第四节　园林植物景观种植设计的基本原则

一、园林植物景观种植设计的原则

植物景观的配置是在综合考虑景观功能、艺术构图、生物学特性三方面的基础上进行的。植物景观的配置要在继承发扬我国传统园林植物配置的基础上善于创新，同时还要因地、因时、因材、因景并结合先面后点、先主后宾、远近结合、高低结合等手法进行配置，为现代城乡景观和居民创造一个美丽、安全、舒适的生存游憩环境。

（一）因地制宜原则

它是指根据当地气候条件、水土条件、地形、地貌和有关城市建筑环境的性质、功能选择合适的植物种类，进行科学合理的艺术配置，力求适地适材，组成多样化的园林，满足人们的各种需要。

（二）因时制宜原则

由于植物景观的生物学特性，它的形象是随着时间的变化而不断变化的。因此在选配植物时，需要充分考虑植物的这种生长特性，使植物随着时间的生长而形成不同的季相景观。同时要使景观四季各具特色，还有赖于绿地设计时植物配置的统一季相构图。杭州地区园林绿地一般以常绿阔叶树为基调，四季苍翠，在局部景点突出一两种观花或色叶植物，形成某种季相特色。

（三）因材制宜原则

因材制宜就是根据植物的生长特性及观赏特性，有针对性地进行选择，然后分别形成赏景、闻香、赏色、听声等景观。就树种的选择来说，不同的树种可以营造出不同的景象和气氛，如不规则的阔叶林，可以营造出潇洒柔和的景象；整行的针叶树，则可营造出庄严、肃穆的景象和气氛。

（四）先面后点原则

为了营造多方胜景的园林绿地，首先应该从植物景观灯的整体来考虑，然后分别对各个局部的细节进行设计，穿插于整体之中，点面结合，营造出不同的意境。

（五）先主后宾原则

在进行植物景观配置时，景观的植物配置要充分考虑好主景与配景的设置。特别是首先确定景观的主题，其次确定景观的主要欣赏景区和主要树种，最后配置次要景区和次要树种，同时还要做到主宾分明。

（六）远近结合原则

植物景观的配置不但要与邻近空间的植物相互协调，还要与远处的植物景观相互协调，这样才能完成景观构图的完整性。

（七）高低结合原则

在一个相对完整的景观环境中，不但要考虑点面问题、主宾问题、远近问题，还要考虑植物的高低问题。它要求先配置较高的植物，再配置较矮的植物，如乔木、灌木与花草在配置时，首先要确定好乔木的树种、数量和位置，然后分层处理灌木和花草，最终完成整体轮廓和艺术形象。

二、植物与建筑的合理配置原则

植物是协调自然空间与建筑空间最灵活、最生动的手段。在建筑与山水空间中合理配置观赏性较好的花草树木，可以把整个建筑空间以及周边环境统一在花红柳绿的植物空间当中，亭台楼阁若隐若现于花木间，虚实相映，动静相宜，使得建筑融于植物形成的自然美中。

在中国古典园林中，通过模仿山林氛围追求山川菏泽的自然美，亭、轩、楼、榭等建筑融于山林中或烟水迷离中。沧浪亭所在的山林氛围、拙政园中部的假山、雪香云蔚亭、与谁同坐轩等均表达了一种带有主题思想的建筑融于山林的和谐的自然环境。建筑融于自然很大程度上依赖于建筑周围的植物配置，在两者构成的环境氛围中不是刻意地要表达植物或建筑，而是使用稀疏的山林将建筑掩映与渗透，体现一种“天人合一”的环境氛围。因此，周边的植物不在于使用特别优美的植物，只要能把山林的氛围表现出来即可。

第五章　生态园林建筑小品设计

第一节　园林装饰小品设计

园林装饰性小品指的是园林中带有观赏性的小雕塑。园林装饰性小品一般体量小巧、造型别致，可做成固定的也可做成移动的，是景区的趣味中心。多以动物、昆虫、人物、山石等为主题，吸引游人眼球。这类小品是大自然的缩影，给人以更美的赏玩韵味，能美化人的心灵，陶冶人的情操。

一、花钵

为了美化环境，现代出现了许多特制的花钵、花盆来代替传统花坛。由于其装饰美化简便，被称作“可移动的花园”。这些花钵灵活多样，随处可用，尤其对于建筑密集地区的绿化美化有着特殊的意义。

花钵质地多为砂岩、泥、瓷、塑料及木制品。花钵形式多样，大小不一。使用时可根据花卉的特性和需要以及花盆的特点选用。

（一）花钵的分类

花钵按照材料的不同可以分为以下几种。

1. 砂岩花钵

用细砂岩雕刻制成，颜色多样，是花钵里面材质最好的一种，表面可以做各种装饰效果。

2. 紫砂盆

紫砂盆又称陶盆，制作精巧，古朴大方，规格齐全，但其透水、透气性能较差，多用于栽植喜湿润的花木，也可用作套盆。

3. 釉陶盆

在陶盆上涂以各色彩釉，外形美观，形式多样，但排水透气性差，多用作盆景用盆。

4. 水培

盆底没有水孔，形式多样，用来培养水仙等水培花卉。

5. 玻璃钢

经久耐用，防水、防潮，表面光滑，可根据需要打磨表面的明暗，任意搭配色彩，制作各种样式，易于清洗，使用寿命长。

6. 废弃材料

废弃材料的再利用：运用艺术手法，将废弃的材料以一种全新的面貌进行阐释，既经济又新颖。

（二）花钵的选择

选择花钵时要注意大小、高矮。花钵过大，就像瘦子穿大衣服，影响美观。且花钵大而植株小，植株吸水能力相对较弱。浇水后，盆土长时间保持湿润，花木呼吸困难，易导致烂根。花盆过小显得头重脚轻，而且影响根部发育。另外，选择花钵的大小、高矮有三点可供参考：①花钵盆口直径要大体与植株冠径相衬；②对于带有泥团的植株，放入花钵后，花钵四周应留有 2 ~ 4cm 空隙，以便加入新土；③不带泥团的植株，根系放入花钵后，要能够伸展开来，不宜弯曲。如果主根或须根太长，可做适当修剪，再种到钵里。

二、花池

花池是种植花卉或灌木的用砖砌体或混凝土结构围合的小型构造物，常用各种草本花卉创造形形色色的花池，塑造出一种有生命力的花卉群体装饰图案。多布置在公园、交叉路口道路广场、主要建筑物之前和林荫大道、滨河绿地等风景视线集中处，起着装饰美化的作用。

其高度一般不超过 600mm。园林中常见的花池类型有花池、花坛、花台、花箱等。

（一）花池

由草皮、花卉等组成的具有一定图案画面的地块称为花池。因内部组成不同又可分为草坪花池、花卉花池、综合花池等。

1. 草坪花池

一块修剪整齐而均匀的草地，边缘稍加整理或布置成行的瓶饰、雕像、装饰花栏等称为草坪花池。它适合布置在楼房、建筑平台前沿形成开阔的前景，具有布置简单、色彩素雅的特点。

2. 花卉花池

在花池中既种草又种花，并可利用它们组成各种花纹称为花卉花池。池中的花卉植物要常修剪，保持 4 ~ 8 cm 的高度，形成一个密实的覆盖层，适合布置在街心花园、小游园和道路两侧。可在中央适当点缀花木或花丛，都很有趣。

（二）花坛

外部平面轮廓具有一定几何形状，种以各种低矮的观赏植物，配植成各种图案的花池称为花坛。一般中心部位较高，四周逐渐降低，倾斜面在 5° ~ 10°，以便排水，边缘用砖、水泥、瓶、磁柱等做成几何形矮边。根据设计的形式不同，可分为独立花坛、带状花坛、花坛群。因种植的方式不同，又可分为花丛花坛和模纹花坛。

模纹花坛又称镶嵌花坛、图案式花坛。它以不同色彩的观叶植物、花叶并美的观赏植物为主，配置成各种美丽的图案纹样。其中，使用一定的钢筋、竹、木为骨架，在其上覆盖泥土种植五色苋等观叶植物，创造时钟、日晷、日历、饰瓶、花篮、动物形象，称为立体模纹花坛。常布置在公园、庭园游人视线交点上，作为主景观赏。

（三）花台

在 40 ~ 100 cm 高的空心台座中填土，栽植观赏植物称为花台，以观赏植物的体形、花色、芳香及花台造型等综合美为主。花台的形状各种各样，有几何形体，也有自然形体。一般在上面种植小巧玲珑、造型别致的松、竹、梅、丁香、天竺、铺地柏、枸骨、芍药、牡丹、月季等，在中国古典园林中常采用此种形式。现代公园、花园、工厂、机关、学校、医院、商场等庭院中也常见。还可与假山、坐凳、墙基相结合作为大门旁、窗前、墙基、角隅的装饰。

（四）花箱

用木、竹、瓷、塑料制造的，专供花灌木或草本花卉栽植使用的箱称为花箱。可以制成各种形状，摆成各种造型的花坛、花台外形，机动灵活地布置在室内、窗前、阳台、屋顶、大门口及道旁、广场中央等处。

三、景窗

景窗俗称漏墙、漏花窗、花窗，是一种满格的装饰性透空窗，外观为不封闭空窗，窗洞内装饰各种漏空图案，透过景窗可隐约看到窗外景物。为了便于观看窗外景色，景窗高度多与人眼视线相平，下框离地面一般约在1.3m。景窗是中国园林中独特的建筑形式，通常作为园墙上的装饰小品，多在走廊上成排出现，江南宅园中应用较多。

景窗用于园林，不仅可以使墙面上产生虚实的变化，而且可使两侧相邻空间似隔非隔，景物若隐若现，富于层次，具有“避外隐内”的意味。用于面积小的园林，可以免除小空间的闭塞感，增加空间层次，做到小中见大。景窗本身的花纹图案在不同角度的光线照射下，会产生富有变化的阴影，成为点缀园景的活泼题材。

景窗大多设置在园林内部的分隔墙面上，以长廊和半通透的庭院为多，较少使用在外围墙上，以避免泄景。如果是为增强围墙的局部观赏功能，则常在围墙的一侧做成景窗模样，实际上并不透空，另一侧仍然是普通墙面。景窗图案变化多端，千姿百态，景窗本身和由它构成的框景如一幅幅立体图画，小中见大，引人入胜。特别令人感兴趣的是，在同一园林中，不会有雷同的景窗出现。

景窗窗框有方形、横长、直长、圆形、六角形、扇形及其他各种不规则形状。而前面3种除了做成方角以外，又有圆角与海棠纹等形式。景窗花样繁多，最简易的景窗是按民居原型，用瓦片叠置成鱼鳞、叠锭、连钱或用条砖叠置。

根据制作景窗的材料不同，可以把景窗分成砖瓦木搭砌景窗、砖细景窗、堆塑景窗、钢网水泥砂浆筑粉景窗、细石碱浇捣景窗、烧制景窗等。其中砖瓦木搭砌景窗为传统做法，一般用望砖作为边框，窗芯选用板瓦、筒瓦、木片、竹筋（或铁片、铁条）等，各构件之间以麻丝纸筋灰浆黏结使之成一体，其顶部设置过梁；砖细景窗则由砖细构件构成，其节点传统上以油灰为黏结材料，必要时或有可能适当以竹梢、钢丝等黏结各构件；钢网水泥砂浆筑粉景窗是当前常用的，以钢丝网、钢筋、水泥做主要骨架，然后对面层粉刷修饰，其外框混凝土质为多，具有材料来源方便、图案变化不受材料制约、制成后比较牢固等优点。

四、园林雕塑

园林雕塑泛指在公园、园林中使用的雕塑，配合园林构图，多数位于室外，题材广泛。园林雕塑通过艺术形象可反映一定的社会时代精神，表现一定的思想内容，既可点缀园景，又可成为园林某一局部甚至全园的构图中心。一般遍布于规则式园林的广场、花坛、林荫道上，也可点缀在自然式园林的山坡、草地、池畔或水中。

在园林中设置雕塑，其主题和形象均应与环境相协调，雕塑与所在空间的大小、尺度要有恰当的比例，并需要考虑雕塑本身的朝向、色彩以及与背景的关系，使雕塑与园林环境互为衬托、相得益彰。

根据使用性质的不同分为实用性园林雕塑、装饰性园林雕塑和主题性园林雕塑等。

实用性园林雕塑主要指在园林中有实际应用效果的雕塑类别，包括风水球、长廊、凉亭、石桌椅、花盆、喷泉等。

装饰性园林雕塑是指那些在园林中起到装饰性作用的雕塑作品，如花窗、壁画等。

主题性园林雕塑则是园林雕塑中的形象代表，根据不同的风格需求应该选择不同的主题性雕塑，一般用于表达某种观念、传递某些信息（积极向上的思想）以求在潜移默化中影响人们的身心，促进社会发展。

根据雕刻形式的不同分为圆雕、浮雕、透雕（镂雕）等。

园林雕塑中最常见的雕刻形式为圆雕；浮雕一般用于园林中的壁画；透雕则常用于花窗、园林装饰摆件等。

根据使用的材料不同分为石雕、铜雕、不锈钢雕、水泥雕塑等。其中的石雕应用最为广泛，铜雕一般用于园林主题性雕塑，不锈钢雕则一般用作标志性雕塑。另外还有冰雕、雪塑，是东北园林冬季特有的一种雕塑艺术。

根据内容可分为：纪念性雕塑，纪念历史人物或事件，如南京雨花台烈士群像、上海虹口公园鲁迅像等；主题性雕塑，表现一定的主题内容，如广州市市徽“五羊”、南京莫愁湖莫愁女等；装饰性雕塑，题材广泛，人物、动物、植物、器物都可作为题材，如北京日坛公园曲池胜春景区中展翅欲飞的天鹅和各地园林中的运动员、儿童及动物形象等。

第二节　园林建筑小品基础的构造

一、景观小品设计概述

（一）景观小品对景观的作用

1. 组织空间的关系

人们对一个景观环境的感受和理解很大程度上取决于景观小品在组织空间上所起的作用。景观小品兼具观赏价值和实用价值，一方面可作为被观赏的对象，另一方面又可作为观景的场所。因此设计时常以景观小品为载体，借助景观小品的丰富形式组织景观空间，对景观空间起到构图和导向作用，使单一、零散的空间形式更为统一、有序、富有变化，加强景观空间的整体性。可以说景观小品对于景观空间组织的有序性有着非常重要的作用。

（1）作为主景

景观小品的主景作用，指其相对于配景而言能在景观环境中发挥主要作用。作为主景而存在的景观小品，通常是对周围景观空间的一个浓缩与概括，对周遭景色进行深化或提炼，起到点睛作用，具有较高的文化和艺术价值。

（2）制造隔景

隔景，即通过景观小品的设置将景观空间分隔成不同景区或多个相对独立的空间，来丰富景观的层次性和加强空间的独立性。如在景观中设置景墙、影壁等，使空间隔而不塞，丰富空间层次。

（3）作为障景

障景，就是在景观环境中有意识地设置小品以遮挡视线、引导空间转向，加强景观环境的空间变化，达到“山重水复疑无路，柳暗花明又一村”的意境。如设置于景区或公园大门入口处的一些小品，主要目的在于阻挡游人前行的路线，将人流向两侧引导，增加游园趣味性。

（4）形成对景

对景即将景观小品设置于园林绿地轴线及风景视线端点，以起到引导视线、加强各景点之间呼应关系的作用。如寄畅园中临水的休息小品知鱼槛，与对岸鹤步滩上的树木石组互为对景。

（5）作为框景

在一些特殊位置巧妙地设置门、窗等能形成虚空间的景观小品，人为地将美景集中在特定视野范围之内并引导游人观赏。作为框景的景观小品通常造型比较简约，类似画框，此手法往往能表现强烈的艺术感染力。如中国传统园林中月门、漏窗等形成的框景效果给园林增添了无穷的艺术魅力。

2. 丰富空间的内容

（1）从造型元素上丰富空间的内容

景观小品的造型极大地丰富了景观空间的感官内容。其形态、色彩、质感、尺度等因素所营造的景观氛围，给人们在视觉、听觉、触觉、嗅觉等方面形成的心理感受，是对景观环境的适应与尊重，也是对景观审美及文化价值需求的有益补充。景观小品的这些构成因素及其所体现的思想内涵，能够从感官上丰富景观空间的内容，满足人们的审美要求与艺术的享受。

（2）从表现形式上丰富空间的内容

景观小品所在空间环境的使用主体是不确定的、模糊的且流动变化的。针对不同社会层次、教育背景、民族信仰甚至不同国度的主体，景观小品在表现形式上采用通俗而多样的语言媒介，从表现上极大地丰富了景观空间的内容。大众审美心态是景观小品设计的基本态度，设计师的主要责任是将创意与公共性在景观小品中友好地融合，强调审美的公共性，强调作品与环境、与公众的和谐与亲近。

（3）从学科性质上丰富空间的内容

景观小品在设计上要综合考虑，结合各种规范要求考虑功能性，从所处环境的文化底蕴中挖掘人文题材，还要结合景观空间序列的要求，满足使用主体对公共性的需求，符合新时代的环保观念，考虑施工技术与材料等。不仅要达到艺术审美要求，还涉及材料学、力学、心理学、建筑学、环境色彩学、光学、民俗学等学科。这种综合学科的特征从性质上丰富了景观空间的内容。

3. 提升空间的价值

（1）提升空间的审美价值

景观小品从某种意义上可以说是人们审美认识的产物，通过艺术的手段使普通的材质具有实质功能和美好形象，美化场地的环境、调节空间的氛围，营造舒适的气氛，带给观赏者视觉和精神上的艺术享受，使观赏者获得愉悦的审美感受。因此可以说景观小品不但能满足人们的审美需求，而且能提升所在环境空间的审美价值。

（2）提升空间的交流价值

人具有社会性，交流是人的一种基本需求。在公共空间中的景观小品，如同语言、文字，或音乐、绘画一般是一个可以促进人与人之间有效交流的媒介工具。景观小品具有通识性和普遍性的特征，这种特征可以跨越时空沟壑、打破语言枷锁，成为人们跨越地域与民族文化限制而交流沟通的立体语言。不论观赏者是何种身份、何种背景，他们都能在不同程度上感受到景观小品所要表达的内容；景观小品也是供观赏者之间互相交流沟通的载体。景观小品提升了空间场所的交流价值，景观小品设置成功的空间环境，其公众满意度必然高涨。

（3）提升空间满足创造的需求

马斯洛需求层次理论认为，人的需求层次会随着社会的进步不断提高。人的最高价值需求是自我实现的需要，渴望创造的心理是人们普遍具有的，而只有在不断创造的过程中才能实现自我超越。景观小品设计是一门以创造性为基本能力的综合学科。设计师的设计过程充满创造性；景观小品独特的立体形象充满创造性；景观小品与使用主体交流互动的方式充满创造性——景观小品在一定程度上增加了所在环境场所的创造性价值，能使空间环境进一步满足人们创造的需求。

（二）景观小品的功能与特点

1. 景观小品的功能

景观小品的功能内容丰富，在满足人们基本使用要求的同时，还承载着审美价值和人文精神，总体来说主要有以下 4 个功能。

（1）使用功能

使用功能是景观小品自身具有的直接使用功能，它是景观小品外观显现的主要决定因素，是景观小品外在的第一功能。现代景观设计中，针对空间的不同特定性质来布置小品。例如在商业步行街中，考虑到人们逛街累了的时候需要休息，需要设置休息座椅供人小憩；在公共性景观中，对存在某些重要景观节点的位置，在满足一定观赏距离的位置设置观赏亭，不但可以引导人们驻足观景，遇到恶劣天气时还可以供人们躲避风雨；再如景观夜景照明设计，主要用途是为保障游人夜间休闲活动的安全性，与此同时还可以营造氛围；儿童游乐设施小品则可为满足儿童游戏、娱乐、交流所用。这类景观小品充分反映了“以人为本”的设计理念，是人们对空间环境使用性需求。

（2）美化功能

景观小品集美化场地、调节氛围、营造舒适气氛等功能于一身，以其形态构成特性对环境起到装饰和美化作用。美化功能包括单纯的艺术处理，有针对性地呼应环境特点和渲染环境氛围。例如雕塑类景观小品通常以主景的方式呈现在景观环境中。作为主景，其体量、色彩、造型等方面通常具有一定的用意，用艺术化的方式来烘托景色。这类景观小品是以独立观赏为主要目的，艺术化的表达则是其主要属性。而室外家具类小品通常在批量生产过程中可以做到造型美观、材质精细、色彩合理、尺度适中，但是放置到某一特定环境中，它们还需与环境呼应，融合环境特征，具有反映这一环境特征的个性。它们的形态特征需要和周围的环境形成整体的效果，在一定程度上不仅能满足人们的审美需求，也能起到渲染环境氛围的作用。

（3）安全防护功能

景观小品还具备安全防护功能，保证人们游览、休息或者活动时的人身安全，在环境管理上起到维持秩序和安全、对游人进行引导和指示，以及划分不同空间的作用。如各种安全护栏、围墙和挡土墙、指示牌等。

（4）信息传达功能

景观小品具有信息传达的功能，如宣传廊、标示牌、信息公告栏等，能给人们重要的交通提示和引导，为人们直接传达各种信息，给休闲活动提供全面的服务。景观小品自身形象是城市文化内涵的典型环境系统的一个分支。景观小品的功能是对景观环境系统功能的进一步细化与完善，是景观环境不可缺少的必要要素。其形态、尺度、色彩、材质等外观因素与周围环境和谐统一，在风格和形式上延续景观系统的总体设计用意，烘托环境氛围，避免产生对立与冲突。此外，其文化内涵的指向也应符合景观系统规划与设计的总体思路。

2. 设计与创作的科学性

景观小品从设计到落地的过程涉及光学、声学、材料、结构、工艺、施工、设备、环保等，具有多学科特征，具有工程技术性科学特征，需综合考虑各学科可行性才能得以实现。景观小品的设计与创作有别于艺术创作，其构思与创意不能脱离景观环境而存在。景观小品也不可随意搬迁，其设置服从于景观环境整体，具有相对的固定性。应考虑实际特点，结合环境的客观条件，科学地设计景观小品的形式与功能。

3. 功能的合理性与形式的艺术性

形式与功能是景观小品的重要特征，形式的艺术性应以满足功能的合理性为前提。景观小品是直接服务于人的需求的，其形式要素要服从于其实用功能和观赏功能，以合理的造型、宜人的尺度、恰当的色彩、舒适的材质等来满足人的使用需求。此外，景观小品的种类与风格多样，表现形式、组合方式丰富多彩。不论何种风格、何种形式，其形态色彩、尺度大小、色彩应用等均应符合形式美的基本规律，如多样与统一、对称与均衡、节奏与韵律等，能带给人舒适、自然、流畅、协调的审美感受，满足人们的各种精神需求。从某种程度来说，景观小品的艺术观赏性当属第一属性，它用形象向人们展示某种文化、传达某种情感或趣味，是人与景观小品进行交流互动的第一感官途径。

4. 内在的文化性和时代感

景观小品的文化性是指其具有对本地文化进行提升、凝练的文化性特征，能反映当地的社会生活、风土人情以及文化历史等，使景观环境充满文化氛围和人情趣味。我国地域辽阔、民族众多，不同地区生活方式、文化差异巨大，因此各地景观小品也应具有其鲜明独特的文化性特征。

随着生产力的发展，科技的进步与学科的交叉等也会渗透到景观小品的设计之中，体现出时代主题。如利用高科技手段，结合声、光、影等媒介建成的景观小品已十分常见；对环境友好的可再生材料也越来越多地被应用到景观小品中。

二、景观小品的设计要素

（一）景观小品的基本要素

景观小品的基本要素包括 3 个方面：功能要素、形象要素、艺术审美性。

1. 功能要素

景观小品的功能要素指的是在物质和精神方面的具体使用要求，即通常所说的实用性。景观小品的功能要求是基本的要求，是设计、建造的主要目的。如景观建筑小品是提供人们休息、等候、如厕等活动的，娱乐设施是用来满足游戏、健身活动的，等等。随着社会的不断发展，人们对景观小品的建筑功能提出了更新、更高、更全面的要求，新型景观小品将不断呈现出来。

景观小品通过其形态、方位、数量、组合方式等对景观环境的功能予以补充和强化。如绿化设施与种植器、休闲座椅及停车设施等经常组合出现；而像路灯、景观灯这一类型的照明设施，其本身就是必须通过组合的方式共同发挥作用的元件。景观小品的这些功能往往通过自身与其周围环境的相互作用凸显出来。

景观小品的功能具有复合性的特征，除主要功能之外，通常同时集其他几种功能于一身。常见的做法有把路障、照明灯具等做成石凳、石墩状，可兼具坐具的功能；景观雕塑与指示标志相结合，兼具指示引导功能。如上海前滩公园的休息驿站，除设置卫生间、休息室、提供无线网络之外，还配备了直饮水、自动售货机、储藏柜、雨伞、充电等相关设备，甚至还考虑到紧急情况，配置了心脏除颤器和急救箱，充分考虑到不同使用主体对驿站功能的需求。景观小品功能的复合特征使单纯的功能增加了复杂的意味，在有限的景观元素条件下能进一步完善景观环境的功能，增强环境整体性。

2. 形象要素

景观小品的建筑形象主要包括其形态、构建组合方式、材质肌理、体量尺度关系、色彩应用等，能给人带来美的感觉，也能体现出地域文化传统与民间艺术风格，表现出一定的个性与时代特征，满足人们的精神需求。

（1）形态

形态是物体的外在造型，是物体在空间存在的轮廓形象。形态是物体最基本、最直观的识别元素，也是人们认识物体、形成第一印象的关键。形态所指不仅局限在物体的外形与轮廓上。由于观测位置和角度的不同，所观测到的物体的外形轮廓也相应地产生了不同的变化，因此形态还包含其在不同角度下外形的集合。

根据形态的成因，可以大致将形态分为两类：自然形态与人工形态。

①自然形态

自然形态指在自然法则下形成的各种可视或可触摸的形态。自然形态反映出物体经过千百年的自然进化，与其所处的环境形成的紧密联系，是形态与环境和谐统一的体现，给人舒畅、和谐、自然之感。自然形态中又可分为有机形态与无机形态两种类型。有机形态是指具有再生性质、有生长机能的形态，如动植物的形态。无机形态是指相对静止、不具备生长机能的形态，如风化形成的山脉、流水侵蚀的岩石等。

②人工形态

人工形态指人类有意识、有目的地创造加工出来的物体形态。人工形态即人造形态，其来源可以是人们对自然环境的学习和模仿，也可以是人们对自然的提炼、解构与再创造。人工形态根据造型特征又可分为具象形态与抽象形态。具象形态是真实再现自然界客观事物的构造形态，能真实反映自然物的形态特征或典型细节。抽象形态不直接模仿自然，而是对自然物的高度概括和提炼，将具体的形象简化为纯粹的几何形态。

景观小品的形态不同，其所产生的情感与性格也会有很大的差异。

（2）建构

形态是由形的基本要素构成的，这些基本要素即我们常说的点、线、面和体。点、线、面和体是抽象的概念，其最显著的特点是具有相对性。点是最小、最基本的元素；点的定向运动产生了线；无数的点的组合或线的排列形成面；面的组合构成体。一切景观元素都可以看成这些基本要素的单元形态，或者是由这些基本要素通过一系列的建构方式组合而成的。

①点的建构

点的形态是多样的，不仅仅限于圆形；在空间中相对环境体积比较小、长宽高比例趋于近似的元素都可以视为点。点能形成视觉上的焦点；点具有聚集性能，可以衍生出各种形态，产生出人意料的效果；当点的大小或是排列有疏密变化的时候，还能形成运动感。

②线的建构

线具有明显长度特征的形态，垒积是线元素最基本的构建方式。以线为单位，通过粘贴、焊接等结合方式组成基本框架，再以此框架为基础可建构成框架结构。线元素按照一定的结构关系交接、穿插，则构成形式丰富的网状结构。线的构建应注意元素之间空隙的大小和韵律感。

③面的建构

面的常用建构手法是排列、折叠、插接、弯曲、翻转、切割等，能使面呈现出非常丰富的形态，具有极强的表现力。面的排列，是将面元素以一定规律进行不断的连续重复应用，如放射、渐变、旋转等。面的折叠，取决于折叠的方法与角度。面的插接，是通过对面元素进行裁剪、穿插、相互钳制，形成丰富的立体形态。

④体的建构

体占有一定的空间和体积，体的建构讲究形体的对比，如曲直、长短、刚柔、空间正负形等因素的对比变化等。建构的基本方式是分割和聚集。体块的切割是对整体进行分割，通过减法的手段创造新的形态。体块的聚集是将一定数量相同或不同形态的元素堆积而形成新的形态。

（3）材质

景观小品材质的类型丰富，与建筑用材大致相同，有石材、木材、金属、陶瓷、玻璃等。材质的表现特性不仅在于其质感、肌理、颜色等，同时还传递出柔软、粗糙、坚硬、细腻、沉重等不同的个性特征。

①材质的类型

石材。石材质地坚硬，具有良好的耐久性和耐磨性，带给人坚固雄伟的感觉。石材有天然石材和人造石材两大类，是一种高级的装饰材料，广泛应用于室内外环境中，如景观亭、景墙、地面铺装等。

混凝土。混凝土价格低廉，工艺简单，抗压强度高，耐久性好，在景观小品中应用十分广泛，如挡土墙、种植池、坐具等。

木材、竹材。木材具有容易获得、便于加工的特点。木材有天然的纹理和色彩，具有朴素、自然的感觉。竹材也是天然材料，相较于木材其可再生性更强。花架、坐具等近人性质的景观小品常采用木材、竹材。

金属。金属种类繁多，普遍具有坚硬、耐弯曲和耐拉伸的特点，带给人现代、时尚之感。由于种类及加工工艺的区别，金属材质可呈现出光滑、粗糙等不同质感。如不锈钢和耐候钢板同为金属材质，在质感和表现力方面却有很大差异。路灯、路障、停车设施等常采用金属材质。

陶瓷。陶瓷表面光滑，质感坚硬，色彩丰富，且易于造型。利用陶瓷能制作出形态丰富、造型多变的景观小品，常用于景观装置的装饰中。

②材质的肌理

肌理是材料表面的纹理组织特征。肌理可分为自然肌理和人工肌理，前者是指物体表面自然形成的各种纹理，如树皮、树木的年轮等；后者指经过人工加工之后形成的纹理，通常具有一定规律性和形式美感。景观小品合理采用材质肌理，能赋予单调的形态更多内容，增加其形象表现力。

光滑与粗糙。粗糙的表面肌理带给人自然、亲切、淳朴、厚重等心理感受，如天然的石材、木材等。光滑的肌理给人精细、明亮、清冷、坚硬等心理感受，如玻璃、金属等。需要注意的是，肌理的形象表现力是相对的，同样的材质因为表面肌理的不同，其传递的情感也有很大差异，比如光滑的石材与粗糙的石材。

柔软与坚硬。柔软的肌理给人温暖、柔和的心理感受，如景观环境中的植物、水体、土壤等天然元素。另外，造型柔软的各种曲线也会给人带来类似的感受。坚硬往往是混凝土、金属、水泥、玻璃等人工材质带给人的感受。

反射与透明。反射是玻璃或金属材质的表面属性，充满现代感和时尚感。由于能映现出周围环境，有反射性能的材质具有较好的互动性。透明是玻璃、亚克力、水体等材质的属性。

③材质的应用

大多数材质在应用时都需经过适当的加工处理，还需考虑景观小品的功能、造型、色彩等因素进行选择。材料应用是环境是否舒适、安全的重要因素，尤其需要注意的是理想的环境并不是靠华丽的材质堆砌而成的，美与材料的档次和数量并无直接关系。因此，用材还应对材料的属性有充分的认识和了解；考虑景观小品所处环境的特殊性；注意材质的对比与协调；等等。

（4）尺度

尺度是以人为参考对象的一个相对的概念。它的大小一般根据物体的使用功能、使用者的心理或视觉要求以及空间环境的尺寸来确定。不同尺度的物体具有不同的表现特征。尺度高大的物体通常给人强壮有力的感觉；尺度矮小的物体一般有秀气、轻巧的感觉。尺度适宜的空间是亲切、温和的，当人们身处其中时，应以满足正常的使用功能为前提；自然尺寸的构件能使人感觉自然、愉悦。景观小品的尺度要从两层关系上去理解。

①造型尺度与人的尺度

景观小品自身的功能形态尺度，如坐具的高度、靠背的弧度、景观亭的宽敞度等与人的尺度关系。

②造型尺度与环境尺度

景观小品相互之间的形态体量关系，以及景观小品自身形态尺度与周围景观环境的空间尺度关系。

尺度还可以理解为是形态切割空间体量的大小。景观小品在空间中通过实体部分占据一定体量，即正形，同时它的虚体部分形成了负形。正形对空间进行划分，而负形是对这些空间的补充，彼此相互依存、制约、平衡。通常物体正形所占的空间越大、负形越小，视觉感受越沉重。反之，负形越大，视觉感受则越轻盈。

当然，物体传达给人们的心理感受不仅仅只通过它的尺度，还与它的材质、颜色、形态、动势密切相关。

（5）色彩

①色彩的属性

色彩有色相、明度、彩度 3 种自然属性。明度表示色彩的明暗程度，色相表示色彩的相貌，彩度表示色彩色相的强弱程度。色彩的自然属性与物体的材质属性密切联系在一起，呈现出无限变化的可能。色彩还具有温度感、距离感、重量感及尺度感等物理效应，以及由此给人带来多种积极的或消极的情感体验。色彩的这些属性能将景观小品及其环境的设计意图有效地传达出来，更好地实现其物质功能及精神功能。

色彩具有辨认性和象征性特点。色彩虽然依附于形体，但比形体更加引人注意，能唤起人们的第一视觉。

色彩随着色相、明度等差异变化能给予人不同的感知。如暖色给人感觉突出、向前，冷色则有收缩、后退之感。色彩本身呈现出多姿多彩的面貌，给人带来的情感与认知体验也千差万别。不同国家与地区、不同民族与信仰、不同年龄、不同性格与爱好的人对色彩都有不同的喜好及禁忌。在进行色彩设计时，通常以人们约定俗成的传统习惯为依据，对色彩的辨认性和象征性加以利用，传达设计意图。如红色表示警戒，绿色表示畅通，黄色表示提醒等。

②色彩的应用原则

色彩的搭配具有一定的复杂性，但也有一定规律可循。处理色彩关系通常根据“大调和、小对比”的基本原则，即整体统一、协调的原则。即大的色块之间讲究协调，小的色调与大的色调间讲究对比，在总体上强调统一，局部形成对比，起到点缀的作用。

如整体环境全部是以冷色调进行装饰的，那么将变得冷漠、单一、毫无生气，很难激发人们对环境进行识别，其参与度也就大打折扣。如果以暖色调来装饰环境中的建筑、构筑物以及公共设施，整个空间将充满活力、热情的气氛。英国城市环境规划在整体色彩上，把建筑物处理成较为统一的暖灰色调，公共设施则采用高明度的鲜艳色彩，利用色彩的对比增强公共设施的辨认度。同时暖色调的点缀也将整个空间打造成温馨的场所，在这样舒适宜人的场所里，人们对环境的参与度很高，相互交流的意愿也提高了。

3. 艺术审美性

（1）对比与统一

对比与统一是形式美感法则中非常重要的一组法则。统一的视觉感受来源于重复、近似等规律性手法的应用。对比是打破完全统一的形态，为其带来变化和活力。统一的因素占比越大，整个物体越趋稳定、大气；对比的部分占比越大，效果越轻快、活跃。

在景观小品中，应用对比与统一的形式法则可以很好地平衡景观元素的主从关系，使景观环境主次分明、重点突出。又可以丰富所在环境的景观层次，增添景观效果。对比主要是指通过比较突出景观元素的各种细微差异性；而统一主要是指将各部分元素用协调的方式组织起来。首先反映在景观小品设置的方位上，也就是方向的对比。其一是重要与一般的对比，较为重要的与一般重要的小品要体现出位置的对比，凸显出其中的差异，分清从属关系。重点与一般是相对的，如果没有一般就不会凸显出重点，重要的景观小品也是最主要的内容，是人们最常关注的部分，因此要格外认真对待。其二是体量的对比，在景观小品造型设计时，通过多个小体量的造型衬托较大体量的造型，或通过形态之间的差别来形成对比，以突出其重要性。其三是色彩的对比，通过对景观小品色彩的色相、明度、饱和度等进行对比，给人带来不同的视觉感受；其四是质感的对比，对景观小品的材料、光泽以及表面的肌理进行对比，给人带来不同的体验。总体来说，景观小品的方位、体量、形态、尺度、色彩、明度等关系存在对比关系，这些因素对景观小品的重要程度都能产生一定的影响，对其进行调整改变时要恰到好处，否则会影响整体环境的统一性。

（2）节奏与韵律

节奏与韵律是形式美感的一种基础形式。节奏是指有规律的重复，用反复、对应等形式对元素加以有规律的组织，比如高低、大小、强弱等。韵律是节奏的变化形式，韵律使重复的元素有了强弱、抑扬顿挫的变化，产生优美的律动感，如高低的变化等通过韵律可以给人们一种生动以及多变的感觉。

景观小品设计要根据节奏与韵律相结合的审美特点，使整体的统一性得到加强。韵律的形式包括以下几种：第一，连续的韵律。是指一种或者几种要素连续地排列而形成的，并且各要素之间要保持比较稳定的关系。第二，逐渐变化的韵律。其形式主要有形态大小的逐渐变化、形态方向之间的逐渐变化、形态位置的逐渐变化等。第三，交错变化的韵律。主要是指各个组成部分按照一定的规律交织而形成的。应用到景观小品设计中，对称、反复以及渐变等构成形式的节奏感较强，可以提高景观小品的艺术性价值，突出其美感。

（3）对称与均衡

对称是自然界中最常见的构图形式，具有稳定、大气、端庄的特点，给人带来高贵、理性之美感。

（二）景观小品的环境要素

1. 系统性

根据城市人们对城市的印象，可将城市空间的物质形态归结为 5 种基本元素——道路、边沿、区域、结点和标志，它们相互联系、共同作用，构成城市空间景观环境的客观形象。如道路与边沿是线性渠道，线性要素通过围合形成区域；多道路的交叉口为结点。而在这个系统中，凡具有特殊参照性、能让人们感觉和识别城市的重要参考物均可以构成标志，它可以是一座建筑物，也可能只是一个招牌、标志等。城市中的景观小品具有“标志”的属性，是作为城市景观空间环境的元素之一分布其中，具有明显的从属关系。

景观小品设计的系统性还有另外一层含义。景观是指造型空间中心点的两边具有一定的对称性，如人体躯干就是典型的对称的物体。均衡是一种特殊的对称关系，是根据物体的大小、颜色、材质等因素特征，依视觉重心进行分配和调整，达到视觉和心理上的平衡状态。与对称相比，均衡富有变化、更具活力。

对称是景观小品设计中较为常见的造型手法，其不足在于容易产生单调、呆板之感，因此设计中要合理使用对称的形式。对称的造型通常可以与空间构图、体量大小、色彩以及材质等元素的局部对比相结合，营造一种较为稳定的平衡关系。通过均衡的形式可使得景观元素整体的统一性和稳定性得以强化。

小品之间是相互影响、协调的关系，构成自己独立的体系，即一致性。一致性主要是指在同一道路、同一街区，甚至同一城市之内的景观小品应在形式和内容上保持相对的稳定性。比如同一条道路不宜出现两种不同风格的休闲座椅，另外休闲座椅的形式也应与周边绿植类、其他室外家具类景观小品造型风格保持一致。一定区域内的景观小品不仅在外观形态上应保持一致，甚至在使用方法、文化价值内涵等方面也应趋同，以有利于使用者的识别与使用。

2. 公共性

公共性是指社会权利及利益分配上共有、共享的归属关系。从社会意义来看，公共性是指一种社会领域，即所谓公共领域。一切公共领域都是相对于私人或私密性领域而存在的。从近、现代世界历史来看，公共性作为一种社会共同体的理想方式及公民的共同精神追求，旨在将我们每个人都共同置于公益的最高指导之下，并且我们在共同体中能接纳每一个成员。这意味着公共性与民主化建设相辅相成，城市建设必须开辟与营建社会公共领域。

公开性则意味着将某种事物、信息或观点公之于众、向大众开放。景观小品具有公共性，不仅是指其在物理空间上处于开放性或公开性的场所，更是指向于其在权利、利益上面向公众、服务于公众的性质。

景观小品的设置领域是开放性的公共空间，其设置的根本目的在于体现一个社会的公共精神和利益。这反映在 3 个方面：其一，景观小品的形态类别没有特定的限制；其二，景观小品面向的是非特定的社会群体；其三，在景观小品的设计实施方式和过程中，创作者和使用者是共同参与和协作的。

加强景观小品设计的公共意识、注重与人们的对话，才能使景观小品成为社会共同拥有的公共资源。其形态中所体现的功能与形式、艺术与科学互相融合、统一协调时，景观小品才会成为景观环境有机的一部分，并与环境整体共生共存。

3. 场所性

空间是功能的载体和行为的媒介，场所则是指发生事件的空间，包括物质因素与人文因素的生活环境。缺少人的活动和身心投入的空间只存在物理的尺度概念，没有实际的社会效益；人的行为活动的介入，使空间构成了行为的场所。当景观小品以其形态功能与人的行为、活动、环境互相产生影响时，如人在景观亭休憩、在公交站候车、在座椅中休息等人们与景观小品互动的各种情景，景观小品的场所性就凸显出来了。场所性体现的是景观小品、空间、行为的互动关系和场所效应。

场所的概念可大可小，其物质空间实体的特点，如尺度、围合关系等决定了景观小品的大小、形式、种类、数量等因素。

（1）场所空间的尺度

场所的规模大至街区、公园、城市广场等，小到街道一角、校园一隅。场所空间的尺度对人及景观小品的影响直接反映在人们的生理及心理方面，使人们产生各种心理感受，从而影响人们采用的活动方式。这一连锁反应将影响景观小品的设置数量、体量、设置形式等。

（2）场所空间的序列性

毗邻场所的一些小空间，如小巷、支路、庭院等是场所的延伸，与场所共同构成环境整体。场所与其辐射的空间存在着序列的变化，使景观小品设计中必须整体考虑环境各种要素的相互影响，针对不同性质的空间重新整合与改变，呈现出空间多种层次、功能多重复合的趋势。

研究景观小品的场所性的最终目的是了解场所中人们的活动规律，通过对其正确分析，解决人—景观小品—环境三者之间的关系。

4. 文化性

文化性也可以称为景观小品的文化内涵，是指其在文化价值方面的内在倾向性。景观小品的文化属性特征从属于其所处环境的文化特征，这个“环境”包括国家、民族、地域、城市及区域等。这种深层的文化积淀是人类文明的结晶，它包括地域文化、民俗文化、文化底蕴、文化发展等。

（1）地域文化

地域文化是指在地质、地形、气候等自然环境因素的影响下，在长期的社会发展变革中形成的具有一定稳定性特征的文化现象，是一个地区人们对自然的认识和把握的方式、程度以及审慎角度的充分体现。不同国家、民族、地域、城市及区域有不同的文化气质和性格特点，地域文化强调的是它们之间的差异性。比如东、西方文化是世界两大不同的文明板块，东方文化注重感性，讲精神理念，讲求形而上的禅悟以及神气；西方文化崇尚理性、遵循科学，讲求实证。同样中国的不同地域也分别形成了不同的文化，如北京的大气稳重、重庆的热情直率、上海的洋气摩登、深圳的创新活力等。

（2）民俗文化

民俗文化又称传统文化，泛指一个国家、民族、地区中集居的民众所创造、共享、传承的风俗生活习惯，是对民间民众风俗生活文化的统称。普通人民群众（相对于官方）在长期的生产实践和社会生活中逐渐形成并世代相传、较为稳定的一系列非物质的东西，可概括为民间流行的风尚、习俗。传统文化体现了一个民族或一个群体在生活习惯、生产方式、是非标准、宗教信仰、风俗礼仪、图腾崇拜等方面形成了特有的风俗习惯和审美标准，建立了民族的认知感及互同感、血缘的归属感和维护感等，是其世界观的客观反映。

（3）文化底蕴

文化底蕴是一个地域、民族的精神成就的广度和深度，即人或群体所秉持的道德观念、人生理念、精神修养等文化特征。文化底蕴是文化成果经过传播活动进而积累、进步、积淀形成的，是具有历史和地域特征的文化底色。文化符号通过人类世代相传，如果缺少历史和地域的传播，任何文化终将消亡。由于地域的差异性，人类文化在历史的传播过程中形成了许多不同的文化圈，文化积淀越深厚，文化底蕴则越深厚、越稳定。文化底蕴的形成不是封闭的、简单机械的单向传递的过程，而是通过人们的世代相传和不断筛选，有创造性地不断吸收外来优秀文化的过程。尽管现代社会文化交融现象已十分普遍，每一个民族在外来文化的渗透和影响下不可避免地要接收新的文化内容，从历史的角度来看，文化的横向渗透只会使彼此更充盈，而很少能动摇其传统文化的根基，这是文化底蕴在每一个民族身上打下的烙印。

（4）文化发展

文化在各民族、地区发展的速度不尽相同；在文化自身发展过程的每一个阶段中，其风貌特征、层面、范围及局限也存在着差异。中国文化历史悠久，由于政治因素、经济发展水平不同，每个历史时期的文化现象、审美情趣也各具特征。如商周时期的强悍与狰狞；唐代的富丽与华美；工业时代的冷漠与机械。在步入信息时代的今天，文化发展取向应当更加贴近当下人类生活，充分了解与尊重人的需求，肯定人的行为和精神，维护人的基本价值，更加多元，更加富有情趣，更加富有个性特征。

5. 时间性

景观小品不仅局限于三维实体空间中，时间的四维概念也对其有重要影响。这是由于城市景观环境的形成需要经历时间的历练，与之配套的景观小品也在不停地以一定的动态规律不断发展。城市景观环境的形成和发展受到自然、社会、政治、经济、文化等因素的影响和制约，这些影响因素也成为影响景观环境动态发展的推动力。这种作用与反作用的规律也表现在景观小品的发展动态规律上。其一，景观小品的种类越来越多，造型越来越时尚、现代。其二，景观小品的功能越来越有针对性，越来越人性化。需要注意的是，景观小品要素在经历一个阶段的发展之后有进行更替的必要，其更替速度总体来说远胜于建筑，尤其一些指示牌、信息栏等的更替变化更为迅速。

第三节　亭的设计

一、亭的分类

现代景观亭多位于场地节点的重要位置（如道路一侧、广场、水边、景观序列的转折点等），造型活泼自由，形式多样。依据设计风格的不同，亭分为新中式亭、仿生亭、新材料结构型亭、智能亭等。

（一）新中式亭

新中式亭是将传统中式亭结构通过重新设计组合后，提炼传统文化内涵为设计元素，融合现代人的审美眼光，根据不同的功能需求，采取不同的处理手法建的亭。

（二）仿生亭

仿生亭是仿生建筑的一种，其利用现代工艺模仿生物界自然物体的形体及内部组织特征。

（三）新材料结构型亭

新材料结构型亭是指采用金属、混凝土、实木、玻璃、塑料瓦等新材料和新技术建亭，为景观建筑小品创作提供了更多的方便条件。

（四）智能亭

智能亭结合网络技术或光、电、声技术设计，将科技直接植入城市生活。

位于法国巴黎香榭丽舍大街上的一个智能亭，在设计上综合考量了人工智能、节能环保、雨水设计、植物设计，不仅能遮挡阳光，为人们提供座椅，还提供高速的 Wi-Fi 接入以及包含城市服务信息和指南的触摸屏。其造型像由树桩托起的绿色花园，精心打磨的混凝土座椅配有插座和休息小台面，方便人们使用。

二、亭的特点

每个亭都有其自己的特点，在设计时要根据整个环境的布局以及使用者的需求进行设计。

（一）亭的造型

亭的造型主要取决于其平面形状、平面组合及屋顶形式等。在造型上，要结合具体地形，以娇美轻巧、玲珑剔透的形象与周围的建筑、绿化、水景等结合构成园中一景。另外，要根据民族的风俗、爱好及周围的环境来确定其色彩。如香港悠酷凉亭，28 个不同物料做成的大小不一的圆盖子立在柱子上，当风吹动圆盖子上的条子时，条子上的漂亮颜色在夕阳下折射出七彩的影子。

（二）亭的使用功能

在使用功能上，除满足休息、观景和点景的要求外，亭还有许多其他功能，像图书阅览、摄影服务、演出、销售、卫生间等。如 Pauhu 表演亭就是一个开放的舞台、一个自由表现和表演的场所。

（三）亭的色彩

亭的色彩要根据环境、风俗、地方特色、气候、爱好等来确定，由于沿袭历史传统，南方与北方不同，南方多以深褐色等素雅的色彩为主；而北方则受皇家园林的影响，多以红色、绿色、黄色等艳丽色彩为主，以显示富丽堂皇。建筑物不多的园林以淡雅的色调为主。

三、亭的设计要点

无论在园林中还是在城市广场中，亭的设计都要处理好两个方面的问题，即亭本身的造型和位置的选择。

（一）亭的体量造型的确定要与所处的环境相协调

要根据地形大小、性质等，因地制宜。大空间大环境中设亭，其体量不宜过小，有时为了突出亭子的特定氛围，还要就地布置，形成亭亭和亭廊的组群。

（二）亭的材料及色彩的运用

应力求选用地方性的材料，不单独加工，这样既方便又经济。竹木、树皮、茅草可灵活巧妙地运用，不必过于追求人工的雕琢。有时钢筋混凝土的运用配上合适的色彩，也会收到意想不到的效果。

（三）亭的位置选择

要处理好空间的规划问题，无论是山顶高池、池岸水矶、曲径深处，都应使亭置于特定的景物环境当中。运用借景、对景等手法，使亭子的位置充分发挥景观与借景的作用。

1. 山上建亭

亭应用于山地时，多用于远眺。特别是山顶上，眺览的范围大、方向多，同时也为登山者的休憩提供了一个可观赏的环境。除山顶建亭外，还常于山腰建亭。山腰设亭通常选择突出地段，使景亭不致被树木等其他景物遮挡住，既便于人们在亭中眺望山上、山下的景色，又能使亭醒目突出，成为其他空间的对景。

2. 临水建亭

临水建亭不但丰富了水面景观，更为人们创造了独特的休息和欣赏水面景色的空间。临水建亭，越是靠近水面，景观画面以及赏景感受就越好。临水建亭多三面临水或四面环水。如果庭园水体面积不大，水中设亭应注意避免亭处于水面中心的位置，否则会使水面空间显得局促死板，影响整个水面空间的景观效果。

3. 平地建亭

平地建亭是城市环境中最为常见的手段之一。平地中的亭，可供人们休息、纳凉、赏景，并成为该环境绿地空间中的构图焦点。实际上，平地上建亭常与其他建筑物组合布置，其造型、材料、色彩须与环境结合起来做统一考虑。

一个成功的景观建筑作品不仅具有艺术性，而且还应有一定的文化内涵。通过它可以反映出时代的精神面貌，体现出城市特定历史时期的文化积淀。另外，在具体设计时还应考虑与环境的协调关系，满足环境的整体要求。单纯追求景观个体的完美是不够的，还要充分考虑景观建筑与环境的融合关系。只有这样，才能使所设计的景观建筑物达到适用、经济、坚固、美观的最终目的。

第六章　生态园林水景景观设计

第一节　水池景观设计

这里所指水池区别于河流、湖和池塘。河湖、池塘多取天然水源，一般不设上下水管道，面积大而只做四周驳岸处理。湖底一般不加以处理或简单处理。而水池面积相对小些，多取人工水源，因此必须设置进水、溢水和泄水的管线。有的水池还要做循环水设施。水池除池壁外，池底亦必须人工铺砌而且壁底一体。水池要求也比较精致。

一、水池用途

水池在城市园林中用途很广。它既可以改善小气候条件、降温和增加空气湿度，又可起到美化市容、重点装饰环境的作用。水池中还可种植水生植物、饲养观赏鱼和设喷泉、灯光等。

池是静态水体，形式多样，可由设计者任意发挥。一般而言，池的面积较小，岸线变化丰富且具有装饰性，水较浅，不能开展水上活动，因此以观赏为主，现代园林中的流线型抽象式水池更为活泼、生动、富于想象。

二、水池形式

池可分为自然式水池、规则式水池和混合式水池 3 种。但池更强调岸线的艺术性，可通过铺饰、点石、配植使岸线产生变化，增加观赏性。另一特点是，规则式人工池往往需要较大的欣赏空间，一般要有一定面积的铺装或大片草坪来陪衬，有时还要结合雕塑、喷泉共同组景。自然式人工池装饰性强，即便是在有限的空间里，也能将其功能发挥得淋漓尽致，关键是要很好地组合山石、植物及其他饰物，使水池融于环境之中，天造地设般自然。

三、水池布置

人工水池通常是园林构图中心，一般布置在广场中心、门前或门侧、园路尽端以及与亭、廊、花架等组合在一起，形成独特的景观。水池布置要因地制宜，充分考虑园址现状，其位置应在园中最醒目的地方。大水面宜用自然式或混合式，小水面更宜用规则式，尤其是单位庭院绿地。此外，还要注意池岸设计，做到开合有效、聚散得体。有时，因造景需要，在池内养鱼或种植花草。对于水生植物池，应根据植物生长特性配置，植物种类不宜过多。池水不宜过深；否则，应将植物种植于箱内或盆中，在池底砌砖或垒石为基座，再将种植盆箱移至基座上。

四、水池设计

水池设计包括平面设计、立面设计、剖面设计和管线设计。水池平面设计主要是与所在环境的气氛、建筑和道路的线型特征和视线关系相协调统一。水池的平面轮廓要“随曲合方”，即体量与环境相称，轮廓与广场走向、建筑外轮廓取得呼应与联系。要考虑前景、框景和背景的因素。不论规则式、自然式、综合式的水池都要力求造型简洁大方而又具有个性的特点。水池平面设计要显示其平面位置和尺度。标注池底、池壁顶、进水口、溢水口和泄水口、种植池的高程和所取剖面的位置。设循环水处理的水池要注明循环线路及设施要求。水池立面设计反映主要朝向各立面处理的高度变化和立面景观，水池池壁顶与周围地面要有合宜的高程关系，既可高于路面，也可以持平或低于路面做成沉床水池。一般所见水池的通病是池壁太高而看不到多少池水。池边允许游人接触则应考虑水池边观赏水池的需要。池壁顶可做成平顶、拱顶和挑伸、倾斜等多种形式。水池与地面相接部分可做成凹入的变化。剖面应有足够的代表性，要反映从地基到壁顶各层材料的厚度。

第二节　喷泉设计

喷泉是理水常用的重要手法之一，是指用水压力使动态的水以喷射状流水构成水景的一种理水方法。常用于城市广场、公共建筑或作为建筑、园林的小品，广泛应用于室内外空间。它可以振奋精神，陶冶情操，丰富城市的面貌，不仅自身是一种独立的艺术品，而且能够增加局部空间的空气湿度，减少尘埃，大大增加空气中负氧离子的浓度，因而也有益于改善环境，增进人们的身心健康。可配以其他现代手法，使其成为现代园林工程建设的重要成景方法之一。正因为这样，喷泉在艺术和技术上不断地发展，被人们视为智慧和力量的象征。

一、喷泉的基础知识

（一）喷泉类型

喷泉的类型很多，大体上可以归纳为普通装饰性喷泉、与雕塑结合的喷泉、水雕塑、自控喷泉四类。

（二）喷泉设计要求

喷泉主题：在选择喷泉位置、布置喷水池周围的环境时，首先要考虑喷泉的主题、形式，要与环境相协调，把喷泉和环境统一起来考虑，用环境渲染和烘托喷泉，以达到装饰环境，或借助喷泉的艺术联想，创造意境的目的。

喷泉位置：一般情况下，喷泉多设于建筑、广场的轴线交点或端点处，也可以根据环境特点做一些喷泉小景，自由地装饰室内外的空间。喷泉宜安置在避风的环境中以保持水形。

喷水池形式：喷水池的形式有自然式和整形式。首先喷水的位置可以居于水池中心组成图案，也可以偏于一侧或自由地布置；其次要根据喷泉所在地的空间尺度来确定喷水的形式、规模及喷水池的大小比例。

观赏视距：喷水的高度和喷水池的直径大小与喷泉周围的场地有关。根据人眼视域的生理特征，对于喷泉、雕塑、花坛等景物，其垂直视角在30°、水平视角在45°的范围内有良好的视域。那么对于喷泉来讲，怎样确定“合适视距”呢？粗略地估计，大型喷泉的合适视距约为喷水高的3.3倍；小型喷泉的合适视距约为喷水高的3倍；水平视域的合适视距约为景宽的1.2倍。当然也可以利用缩短视距，造成仰视的效果来强化喷水给人的高耸的感觉。

二、喷泉供水形式

喷泉供水水源多为人工水源，有条件的地方也可利用天然水源。目前，最为常见的供水方式有直流式供水、水泵循环供水和潜水泵循环供水3种。

（一）直流式供水

直流式供水的特点是自来水供水管直接接入喷水池内与喷头相接，给水喷射一次后即经溢流管排走。其优点是供水系统简单，占地小，造价低，管理简单。缺点是给水不能重复利用，耗水量大，运行费用高，不符合节约用水的要求；同时由于供水管网水压不稳定，水形难以保证。直流式供水常与假山盆景结合，可做小型喷泉、孔流、涌泉、水膜、瀑布、壁流等，适合于小庭院、室内大厅和临时场所。

（二）水泵循环供水

水泵循环供水的特点是另设泵房和循环管道，水泵将池水吸入后经加压送入供水管道至水池中，水经喷头喷射后落入池内，经吸水管再重新吸入水泵，使水得以循环利用。其优点是耗水量小，运行费用低，符合节约用水的要求；在泵房内即可调控水形变化，操作方便，水压稳定。缺点是系统复杂，占地大，造价高，管理麻烦。水泵循环供水可适用于各种规模和形式的水景工程。

（三）潜水泵循环供水

潜水泵循环供水的特点是潜水泵安装在水池内与供水管道相连，水经喷头喷射后落入水池内直接被吸入泵内循环利用。其优点是布置灵活，系统简单，占地小，造价低，管理容易，耗水量小，运行费用低，符合节约用水的要求。缺点是水形调整困难。潜水泵循环供水适合于中小型水景工程。

三、喷泉水型的基本形式

随着喷泉设计的不断改造与创新，新的喷泉水型不断地丰富与发展。其基本形式有单射流、造型喷头喷水、组合喷水等。各种喷泉水型可以单独使用，也可以是几种喷水型相互结合，共同构成美丽的图案。

四、常用喷头

喷头是喷泉的一个重要组成部分，它的作用是把具有一定压力的水，经过喷嘴导水板的造型，使水射入水面上空时形成各种形态的水花。因此，喷头的构造、材料、制造工艺以及出水口的粗糙度和喷头的外观等，都会对整个喷泉喷水的艺术效果产生重要的影响。喷头制作材料的选择也有讲究。喷头工作时由于高速水流会对喷嘴壁产生很大冲击和摩擦，因此制造喷头的材料多选用耐磨性好，不易锈蚀，又具有一定强度的黄铜、青铜或不锈钢等材料制造。常用喷头有单射程喷头、涌泉喷头、喷雾喷头、旋转式喷头、孔雀形喷头、缝隙式喷头、重瓣花喷头、伞形喷头、牵牛花形喷头、冰树形喷头、吸气式喷头、风车形喷头、蒲公英形喷头、宝石球喷头、跳跳泉喷头等，它们的主要技术参数见相关资料。

五、喷泉的管道布置与常用管材

（一）喷泉的管道布置

喷泉管网主要由输水管、配水管、补给水管、溢水管和泄水管等组成。喷泉管道布置要点如下：

第一，在小型喷泉中，管道可直接埋在池底下的土中；在大型喷泉中，如管道多而且复杂时，应将主要管道铺设在能通行人的渠道中，在喷泉底座下设检查井。只有那些非主要管道才可直接铺设在结构物中或置于水池内；

第二，为了使喷水获得等高的射流，对于环形配水的管网多采用十字形供水；

第三，喷水池内由于水的蒸发及喷射过程中一部分水会被风吹走等原因，造成池内水量的损失。因此，在水池中应设补给水管。补给水管和城市给水管连接，并在管上设浮球阀或液位继电器，随时补充池内的水量损失以保持池内水位稳定；

第四，为防止因降雨使池内水位上涨造成溢流，在池内应设溢水管，直通雨水井，溢水管的大小应为喷泉总进水口面积的一倍。并应有不小于 3% 的坡度。在溢流口外应设拦污栅；

第五，为了便于清洗和在不使用的季节把池水全部放空，水池底部应设泄水管，直通城市雨水井。亦可与绿地喷灌或地面洒水设计相结合；

第六，在寒冷地区，为防止冬季冻害，将管内的水全部排出，为此所有管道均应有一定坡度，一般不小于 2%；

第七，连接喷头的水管不能有急剧的变化。如有变化必须使水管管径逐渐由大变小。并且在喷头前必须有一段长度适当的直管。该直管不小于喷头直径的 20 倍，以保持射流的稳定；

第八，对每一个或每组具有相同高度的射流，应有自己的调节设备。用阀门（或用整流圈）来调节流量和水头。

（二）喷泉的常用管材

管材的类别繁多，关于喷泉常用管材的特征、优缺点可查相关资料。

（三）管道的防腐与防噪声

1. 管道防腐

给水管道除镀锌钢管外，必须进行管道防腐。管道防腐最简单的方法是刷油，即把管道外壁除锈打磨干净，先涂刷底漆，然后刷面漆。对于不需要装饰的管道，面漆可刷银粉漆或调和漆；埋地管道一般先刷冷刷子油，再用沥青涂面层等方法处理。

2. 防噪声

管网或设备在使用过程中会发出噪声，并沿着建筑结构或管道传播。噪声的产生主要是由于管材损坏，在某些地方（阀门等）产生机械的敲击声；或管道中水的流速太快，在通过阀门或由于管径改变流速急变处产生的噪声；或因水泵工作时发出的噪声。因此需提高水泵机组装配和安装的准确性，采用减震基础等措施，以减弱或防止噪声的传播。为了防止附件和设备上产生噪声，应选用质量良好的配件及器材。安装管道和器材时应采用防噪声的措施。

（四）水泵及泵房

水泵是一种应用广泛的水力机械，是喷泉给水系统的重要组成部分之一。从水源到喷头射流，水的输送是由水泵来完成的。泵房则是安装水泵动力设备及有关附属设备的建筑物。

水泵的种类很多，在喷泉系统中主要使用的有离心泵、潜水泵、管道泵。喷泉工程常用的陆用泵一般采用 IS 系列、S 系列，潜水泵多采用 QY、QX、QS 系列和丹麦的格兰富（GRUNDFOS）SP 系列。IS 系列为单级单吸悬臂式离心泵，是根据 ISO 国际标准由我国设计的统一系列产品，用来供吸送清水及物理化学性质与清水类似的液体。QY 系列为作业面潜水电泵，它适用于深井提水、农田及菜园排涝、喷灌、施工、排水等。SP 系列是丹麦格兰富公司生产的一种优质高效的不锈钢潜水泵，可立式或卧式安装，可频繁启动，迅速关闭，外形美观，使用寿命长。因此给喷泉，特别是音乐喷泉的设计、管理带来方便。喷泉水泵房内通常布置有水泵，管道、阀门、配电盘——各种机电设备的布置要力求简单、整齐，施工、安装和管理操作方便。

第三节　驳岸和护坡设计

一、驳岸工程设计

驳岸是一面临水的挡土墙，是支持陆地和防止岸壁坍塌的水工构筑物。在驳岸的设计中，要坚持实用、经济和美观相统一的原则，统筹考虑，相互兼顾，达到水体稳定、岸坡牢固、水景岸景协调统一、美化效果表现良好的设计目的。

（一）驳岸的作用

驳岸可以防止因冻胀、浮托、风浪的淘刷或超重荷载而导致的岸边塌陷，对于维持水体稳定起着重要作用；是园景构成的有机组成部分。

（二）破坏驳岸的主要因素

驳岸可分为湖底以下地基部分、常水位至湖底部分、常水位与最高水位之间的部分和不受淹没的部分。

1. 地基不稳下沉

由于湖底地基荷载强度与岸顶荷载不相适应而造成均匀或不均匀沉陷，使驳岸出现纵向裂缝，甚至局部塌陷。在冰冻地带湖水不深的情况下，会由于冻胀而引起地基变形。如果以木桩做桩基，则会因桩基腐烂而下沉。在地下水位较高处，则会因地下水的托浮力影响地基的稳定。

2. 湖水浸渗冬季冻胀力的影响

从常水位线至湖底被常年淹没的层段，其破坏因素是湖水浸渗。我国北方天气较寒冷，水渗入岸坡中冻胀后便会使岸坡断裂。湖面的冰冻也在冻胀力作用下对常水位以下的岸坡产生推挤力，把岸坡向上、向外推挤，而岸壁后土壤内产生的冻胀力又将岸壁向下、向里挤压；这样，便造成岸坡的倾斜或移位。因此，在岸坡的结构设计中，主要应减少冻胀力对岸坡的破坏作用。

3. 风浪的冲刷与风化

常水位线以上至最高水位线之间的岸坡层段，经常受周期性淹没。随着水位上下变化，便形成对岸坡的冲刷。水位变化频繁，则使岸坡受冲蚀破坏更趋严重。在最高水位以上不被水淹没的部分，则主要受波浪的拍击、日晒和风化力的影响。

4. 岸坡顶部受压影响

岸坡顶部可因超重荷载和地面水冲刷而遭到破坏。另外，由于岸坡下部被破坏也将导致上部的连锁破坏。

了解水体岸坡所受影响的各种破坏因素，设计中再结合具体条件，便可以制定出防止和减少破坏的措施，使岸坡的稳定性加强，达到安全使用目的。

（三）驳岸的形式

按照驳岸的造型形式可将驳岸分为规则式驳岸、自然式驳岸和混合式驳岸 3 种。

（四）驳岸平面位置与岸顶高程的确定

1. 驳岸平面位置的确定

与城市河流接壤的驳岸按照城市河道系统规定平面位置建造，园林内部驳岸则根据水体施工设计确定驳岸位置。平面图上常水位线显示水面位置，如为岸壁直墙则常水位线即为驳岸向水面的平面位置。整形式驳岸岸顶宽度一般为 30 ~ 50cm。如为倾斜的坡岸，则根据坡度和岸顶高程推求。

2. 岸顶高程的确定

岸顶高程应比最高水位高出一段以保证水面变化不致因风浪拍岸而涌上岸边陆地面，因此，高出多少应根据当地风浪拍击驳岸的实际情况而定。水面广大、风大、空间开旷的地方高出多一些，而湖面分散、空间内具有挡风效果的物体的地形则高出少一些，一般高出 25 ~ 100cm。从造景角度看，深潭和浅水面的要求也不一样。一般水面驳岸贴近水面为好。游人可亲近水面，并显得水面丰盈、饱满。在地下水位高、水面大、岸边地形平坦的情况下，对于游人量少的次要地带，可以考虑短时间被最高水位淹没，以避免由于大面积垫土或加高而使驳岸的造价增大。

二、护坡工程设计

护坡是保护坡面防止雨水径流冲刷及风浪拍击的一种水工措施。

（一）护坡的作用

护坡和驳岸均是护岸的形式，两者极为相似，没有严格的划分界限。主要区别在于驳岸多采用岸壁直墙，有明显的墙身，岸壁大于45° 。护坡不同，它没有支撑土壤的直墙，而是在土壤斜坡（45° 以内）上采用铺设护坡材料的做法。护坡的作用主要是防止滑坡、减少地面水和风浪的冲刷，保证岸坡稳定。

（二）护坡的方法

护坡在园林工程中得到广泛应用，原因在于水体的自然缓坡能产生自然、亲水的效果。护坡方法的选择应依据坡岸用途、构景透视效果、水岸地质状况和水流冲刷程度而定。目前常见的方法有草皮护坡、灌木护坡和铺石护坡。

1. 草皮护坡

草皮护坡适于坡度在 1 ： 5 ～ 1 ： 20 之间的水岸缓坡。护坡草种要求耐水湿、根系发达、生长快、生存力强，如假俭草、狗牙根等。护坡方法根据坡面具体条件而定，如果原坡面有杂草生长，可直接利用杂草护坡，但要求美观。也有直接在坡面上播草种，加盖塑料薄膜；或先在正方砖、六角砖上种草，然后用竹签四角固定做护坡。最为常见的是块状或带状种草护坡，铺草时沿坡面自下而上成网状铺草，用木方条分隔固定，稍加压踩。若要增加景观层次、丰富地貌、加强透视感，可在草地散置山石，配以花灌木。

2. 灌木护坡

灌木护坡较适于大水面平缓的坡岸，由于灌木有韧性、根系盘结、不怕水淹，能削弱风浪冲击力，减少地表冲刷，因而护岸效果较好。护坡灌木要具备速生、根系发达、耐水湿、株矮常绿等特点，可选择沼生植物护坡。施工时可直播、可植苗，但要求较大的种植密度，若因景观需要，强化天际线变化，可在其间适量植草和乔木。

3. 铺石护坡

当坡岸较陡、风浪较大或因造景需要时，可采用铺石护坡。铺石护坡由于施工容易，抗冲刷力强，经久耐用，护岸效果好，还能因地造景，灵活随意，因而成为园林工程常见的护坡形式。铺石护坡的坡面应根据水位和土壤状况确定，一般常水位以下部分坡面的坡度小于 1 ： 4，常水位以上部分采用（1 ： 1.5）～（1 ： 5）。重要地段的护坡应保证足够的透水性以减少上缘土壤从坡面上流失而造成坡面滑动，为保证坡岸稳固，可在块石下面设倒滤层。倒滤层常做成 1 ～ 3 层，第一层为粗砂，第二层为小卵石或小碎石，最上层用级配碎石，总厚度 15 ～ 25cm。若现场无砂、碎石，也可用青苔、水藻、泥灰、煤渣等做倒滤层。

如果水体深 2m 以上，为使铺石护岸更稳固，可考虑下部（水淹部分）用双层铺石，基础层（下层）厚 20 ~ 25cm，上层厚 30cm，碎石垫层厚 10 ~ 20cm。铺石时每隔 5 ~ 20m 预留泄水孔，每隔 20 ~ 25m 做伸缩缝，并在坡脚处设挡板，坐于湖底下。对于要求较高的块石护岸，应用 M7.5 水泥砂浆勾缝，并浆砌压顶石。

第七章　生态园林假山置石塑石景观设计

第一节　假山景观设计

一、假山类型

假山根据所用材料、规模大小可分为以下三类。

（一）土包山

以土为主，以石为辅的堆山手法。常将挖池的土掇山，并以石材做点缀，以使土、石、植物浑然一体，富有生机。

（二）石包山

以石为主，外石内土的小型假山，常构成小型园林中的主景。常造成峭壁、洞穴、沟壑。

（三）掇山小品

根据位置、功能不同常分为以下几类。

1. 厅山

厅前堆山，以小巧玲珑的石块堆山，单面观，其背粉墙相衬，花木掩映。

2. 壁山

以墙堆山，在墙壁内嵌以山石，并以藤蔓垂挂，形似峭壁山。

池中堆山，则池石；园林第一胜景也，若大若小，更有妙境，就水点其步石。从巅架以飞梁，洞穴潜藏，穿石径水，峰峦缥缈，漏月招云。

假山也可以根据山石是否吸水而分为吸水性假山和非吸水性假山两种。

二、理山

我国传统的山水画论为指导掇山实践的艺术理论基础。为使制作的假山给人以真实自然之感，应遵循以下几个方面的手法。

（一）相地合宜，造山得体

在一个具体的园址上究竟要在什么位置上造山，造什么样的山，采取哪些山水地貌组合单元，都必须结合相地、选址因地制宜地把主观要求和客观条件的可能性以及所有的园林组成因素统筹安排。

（二）先立主体，次相辅弼

先立主体，意即要主景突出，再考虑如何搭配以次要景物突出主体景物。布局时应先从园之功能和意境出发并结合用地特征来确定宾主之位。假山必须根据其在总体布局中之地位和作用来安排，最忌不顾大局和喧宾夺主。确定假山的布局地位以后，假山本身还有主从关系的处理问题。假山在处理主次关系的同时还必须结合高远、深远、平远的“三远”理论来安排。

（三）远观山势，近看石质

既强调布局和结构的合理性，又重视细部处理。“势”指山水的形势，亦即山水轮廓、组合与所体现的动势和性格特征。“近看质”就是看石质、石性等。

（四）寓情于石，情景交融

假山很重视内涵与外表的统一，常运用象形、比拟和激发联想的手法造景。所谓“片山有致，寸石生情”也是要求无论置石或掇山都讲究“弦外之音”。其寓意可结合石刻题咏，使之具有综合性的艺术价值。

三、假山创作原则与设计技法

（一）假山创作原则

最根本的法则就是“有真为假，做假成真”，假山必须合乎自然山水地貌景观形成和演变的科学规律。“真”和“假”的区别在于真山既成岩石以后便是“化整为零”的风化过程或熔融过程，本身具有整体感和一定的稳定性。假山正好相反，是由单体山石掇成的，就其施工而言，是“集零为整”的工艺过程，必须在外观上注重整体感，在结构方面注意稳定性。

（二）叠山设计技法

不同的园林叠山环境应采取不同的造型形式，选择最合适的方法。完成所要表现的对象，需要考虑的因素很多，要求把科学性、技术性和艺术性统筹考虑。

可归纳为以下 4 种方法。

1. 构思法

成功的叠山造景与科学构思是分不开的，以形象思维、抽象思维指导实践，造景主题突出，才会使环境与造型和谐统一，形成格调高雅的艺术品。这样的叠山造景方法，构思难度虽大，但施工效果好。

2. 移植法

这是叠山造景常用的一种方法，即对于前人成功的叠山造型，取其优秀部分为我所用，这种方法较为省力，同时也能收到较好的效果。但采用此方法应与创作相结合，否则将失去造景特点，犯造型雷同之病。

3. 资料拼接法

此法是先将石形选角度拍摄成像、标号，然后拼组成若干个小样。

优选组合定稿，这种方法成功率高，设计费用低，设计周期短，值得提倡。但在施工过程中有时效果与构思相悖，其原因是图片资料为两维平面构成，山体造型为三维或多维空间，这要求运用此种设计方法时，留下一个想象空间，在施工过程中调整完成。

4. 立体造型法（模型法）

在特殊的环境中与建筑物体组合，或有特殊的设计要求时，常用立体法提供方案以供选择，这是一种重要的设计手段。因它只是环境中的一部分，要服从选景整体关系，因而仅作为施工放线的参考。

（四）掇山

用自然山石掇叠成假山的工艺过程，包括选石、采运、相石、立基、拉底、堆叠、中层、结顶等工序。选石、采运前面已述，仅就后面几道工序进行阐述。

1. 相石

相石又称读石、品石。石料到工地后应分块平放在地面上以供“相石”之需，对现场石料反复观察，区别不同质色、形纹和体量，按掇山部位造型和要求分类排列，标记关键部位和结构用石，以免滥用。这样才能做到通盘运筹，因材使用。

2. 立基

假山之基础为叠山之本，只有根据设计意图（图纸），才能确定假山基础的位置、外形和深浅。一般基础表面高程应在土表或常水位线以下 0.3 ~ 0.5m。常见的基础形式有桩基、灰土基础、石基、混凝土和钢筋混凝土基础等。

3. 拉底

拉底又称起脚。有使假山的底层稳固和控制其平面轮廓的作用。因为这层山石只有小部分露出地面以上，并不需要形态特别好的山石。但它是受压最大的自然山石层，要求有足够的强度，因此宜选用顽夯的大石拉底。古代匠师把“拉底”看作叠山之本。底石的材料要求大块、坚实、耐压，不允许用风化过度的山石拉底。拉底的要点有：统筹向背、曲折错落、断续相间、紧连互咬、垫平安稳。

4. 中层

中层是指底层以上，顶层以下的大部分山体，这是占体量最大、触目最多的部分，掇山的造型手法与工程描述巧妙结合主要表现在这一部分。古代匠师把掇山归纳为三十字诀：“安连接斗挎（跨），拼悬卡剑垂，挑飘飞戗挂，钉担钩榫扎，填补缝垫杀，搭靠转换压。”张蔚庭曾就叠山造型总结出十二字诀，字诀意思是：“安”指安放和布局，既要玲珑巧安，又要安稳求实，安石要照顾向背，有利于下一层石头的安放；山石组合左右为“连”，上下为“接”，要求顺势咬口，纹理相通；“斗”指发券成拱，创造腾空通透之势；“挎”指顶石旁侧斜出，悬垂挂石；“跨”指左右横跨，跨石犹如腰中“佩剑”向下倾斜，而非垂直下悬；“拼”指聚零为整，欲拼石得体，必须熟知风化、解理、断裂、溶蚀、岩类、质色等不同特点，只有相应合皴，才可拼石对路，纹理自然；“卡”有两义，一指用小石卡住大石之间隙以求稳固，一指特殊大块落石卡在峡壁石缝之中，呈千钧一发、垂直石欲坠之势，兼有加固与造型之功；“垂”主要指垂峰叠石，有侧垂、悬垂等做法；“挑”又称飞石，用石层层前挑后压，创造飞岩飘云之势；挑石前端上置石称“飘”，也用在门头、洞顶、桥台等处；“钉”指用扒钉、铁铜连接加固拼石的做法；“扎”是叠石辅助措施，即用铅丝、钢筋或棕绳将同层多块拼石先用穿扎法或捆扎法固定，然后立即填心灌浆，并随即在上面连续堆叠两三层，待养护凝固后再解整形做缝；“缝”指勾缝，做缝常见有明暗两种，做明缝要随石特征、色彩和脉络走向而定，勾缝还要用小石补贴，石粉伪装，暗缝是在拼石背面胶结而留出拼石接口的自裂隙；“垫”“杀”为假山底部稳定措施，山石底部缺口较大，需要用块石支撑平衡者为垫，而用小块楔形硬质薄片石打入石下小隙为杀，古代也有用铁片铁钉打杀的；“搭”“靠（接）”“转”“换”多见于黄石、青石施工，即按解理面发育规律进行搭接拼靠，转换掇山垒石方向，朝外延伸堆叠；“压”在掇山中十分讲究，有收头压顶、前悬后压、洞顶凑压等多种压法，中层还需千方百计留出狭缝穴洞，至少深 0.5m 以上，以便填土供植花种树。

中层除了要求平稳等方面以外，还应遵循接石压茬、偏侧错安、仄立避“闸”、等分平衡的要求。

5. 收顶

收顶即处理假山最顶层的山石。从结构上讲，收顶的山石要求体量大，以便合凑收压。从外观上看，顶层的体量虽不如中层大，但有画龙点睛的作用。因此要选用轮廓和体态都富有特征的山石。收顶一般分峰、峦和平顶 3 种类型，收顶峰势因地而异。立峰必须以自身重心平衡为主，支撑胶结为辅。石体要顺应山势，但立点必须求实避虚，峰石要主、次、宾、配彼此有别，前后错落有致。忌笔架香烛、刀山剑树之势。顶层叠石尽管造型万千，但绝不可顽石满盖而成，童山秃岭，应土石兼并配以花木。

6. 叠山技术措施

（1）平稳设施和填充设施

为了安置底面不平的山石，在找平石之上面以后，于底下不平处垫以一至数块控制平稳和传递重力的垫片。垫片要选用坚实的山石，在施工前就打成不同大小的斧头形片以备随时选用。至于两石之间不着力的空隙也要适当地用块石填充。假山外围每做好一层，最好即用块石和灰浆填充其中，称为“填肚”，凝固后便形成一个整体。

（2）铁活加固设施

必须在山石本身重心稳定的前提下用以加固；常用熟铁或钢筋制成。铁活要求用而不露，因而不易被发现，古典园林中常用的有银锭扣、铁爬钉、铁扁担、马蹄形吊架和叉形吊架。

（3）勾缝和胶结

宋代以前假山的胶结材料已难于考证，不过在没有发明石灰以前，只可能是干砌或用素泥浆砌。从宋代李诫撰《营造法式》可以看到用灰浆泥假山并用粗墨调色勾缝的记载。因为当时风行太湖石，宜用色泽相近的灰白色灰浆勾缝。从一些假山师傅拆迁明、清的假山来看，勾缝的做法尚有桐油石灰（或加纸筋）、石灰纸筋、明矾石灰、糯米浆拌石灰，以及湖石勾缝再加青煤、黄石勾缝后刷铁屑盐卤等，使之与石色相协调。现代掇山广泛使用 1 ∶ 1 水泥砂浆。勾缝用“柳叶抹”，有勾明缝和暗缝两种做法。一般是水平向缝都勾明缝，在需要时将竖缝勾成暗缝。即在结构上结成一体，而外观上若有自然山石缝隙。勾明缝务必不要过宽，最好不要超过 2cm。如缝过宽，可用随形之石块填缝后再勾浆。

7. 假山洞结构

从我国现存的假山洞来看，其结构有以下 3 种。

梁柱式假山洞：整个假山洞壁实际上由柱和墙两部分组成。柱受力而墙不承受荷载。因此洞墙部分用作开辟采光和通风的自然窗门。

挑梁式假山洞：又称“叠涩式”。即石柱渐起渐向山洞侧挑伸，至洞顶用巨石压合。这是吸取桥梁中之“叠涩”或称“悬臂桥”的做法。

券拱式假山洞：洞无论大小均采用券拱式结构，由于其承重是逐渐沿券成环拱挤压传递，因此不会出现梁柱式石梁压裂、压断的危险，而且顶、壁一气，整体感强。

（五）施工要点

假山施工是一个复杂的系统工程，为保证假山工程的质量，应注意以下几点。

第一，施工注意先后顺序，应自后向前、由主及次、自下而上分层作业。每层高度在 0.3 ～ 0.8m 之间，各工作面叠石务必在胶结未凝之前或凝结之后继续施工，切忌在凝固期间强行施工，一旦松动则胶结料失效。

第二，按设计要求边施工边预埋预留管线水路孔洞，切忌事后穿凿，松动石体。

第三，承重受力用石必须小心挑选，保证有足够的强度。

第四，争取一次到位，避免在山石上磨动。如一次安置不成功，需移动一下，应将石料重新抬起（吊起）。

第五，完毕应复检设计（模型），检查各道工序，进行必要的调整补漏，冲洗石面，清理现场。如山上有种植池，应填土施底肥，种树、植草一气呵成。

第二节　园林置石设计

园林置石是指以石材或仿石材布置成自然露岩景观的造景手法。置石还可结合它的挡土、护坡和作为种植床或器设等实用功能用以点缀园林空间，置石的特点是以少胜多、以简胜繁，用简单的形式体现较深的意境，达到“寸石生情”的艺术效果。置石设于草坪、路旁，以石代桌凳供人享用，又自然、美观，也可设于水际，散石上踏歌，别有情趣；旱山造景而立置石，镌之以文人墨迹，可增加园林意境；台地草坪置石，既是园路导向，又可保护绿地。

一、特置

在自然界中与特置山石相类的山峰广为存在，如承德避暑山庄东面“磬棰峰”。特置山石又称孤置山石、孤赏山石，也有称作峰石的；但特置的山石不一定都呈立峰的形式。特置山石大多由单块山石布置成为独立性的石景，常在园林中用作入门的障景和对景，或置视线集中的廊间、天井中间、漏窗后面、水边、路口或园路转折的地方。特置山石也可以和壁山、花台、岛屿、驳岸等结合使用；新型园林多结合花台、水池或草坪、花架来布置。古典园林中的特置山石常镌刻题咏和命名。特置在历史上也是运用得比较早的一种形式，如历史遗存下来的绉云峰、玉玲珑、冠云峰、青芝岫等皆为特置石的上品：绉云峰因有深的褶皱而得名；玉玲珑以千穴百孔玲珑剔透而出众；冠云峰兼备透、漏、瘦于一石，亭亭玉立，高矗入云而名噪江南；青芝岫以雄浑的质感、横卧的体态和遍布青色小孔而被纳入皇宫内院。在绍兴柯岩采石所留石峰（云骨）在田野中更是挺拔、神奇。

特置应选择体量大、轮廓线突出、姿态多变、色彩突出的山石。特置山石可采用整形的基座；也可以坐落在自然山石上面，这种自然基座称为“磐”。

特置山石布置的要点：相石立意，山石体量与环境相协调，有前置框景和背景的衬托和利用植物或其他办法弥补山石的缺陷等。

特置山石在工程结构方面要求稳定和耐久。关键是掌握山石的重心线，使山石本身保持重心的平衡。我国传统的做法是用石榫头稳定。件头一般不用很长，大致十几厘米到二十几厘米，根据石之体量而定。但榫头要求比较大的直径，周围石边留有3cm左右即可。石榫头必须正好在重心线上，其磐上的棒眼比石件的直径略大一些，但应该比石棒头的长度要深一点。这样可以避免因石榫头顶住棒眼底部石榫头周边而不能和基磐接触。吊装山石以前，只需在石榫眼中浇灌少量黏合材料，待石样头插入时，黏合材料便自然地充满了空隙的地方。

特置山石还可以结合台景布置，用石头或其他建筑材料做成整形的台。内盛土壤，台下有一定的排水设施。然后在台上布置山石和植物，或仿作大盆景布置，给人欣赏这种组合的整体美。

二、对置

在建筑物前沿建筑中轴线两侧做对称位置的山石布置，以陪衬环境，丰富景色，如北京可园中对置的房山石；颐和园仁寿殿前的山石布置。

三、散置

散置可以独立成景，与山水、建筑、树木联成一体，往往设于人们必经之地或处在人们的主视野之中。散置即所谓“攒三聚五”“散漫理之”的做法。其布局要点是：造景目的性明确，格局严谨，手法洗练，“寓浓于淡”，有聚有散，有断有续，主次分明；高低曲折，顾盼呼应，疏密有致，层次丰富，散有的物，寸石生情。

四、山石器设

在古典园林中常以石材做石屏风、石栏、石桌、石几、石凳、石床等。山石几案不仅有实用价值，又可与造景密切结合，尤其用于起伏的自然式布置地段，很容易和周围的环境取得协调，既节省木材又能耐久，无须搬进搬出，也不怕日晒雨淋。山石几案宜布置在树下、林地边缘；选材上应与环境中其他石材相协调，外形上以接近平板或方墩状有一面稍平即可，尺寸上应比一般家具的尺寸大一些，使之与室外环境相称。山石几案虽有桌、几、凳之分，但在布置上却不能按一般木制家具那样对称安排。

五、山石花台

山石花台布置的要领和山石驳岸有共通的道理。不同的是花台是从外向内包，驳岸则多是从内向外包。山石花台在江南园林中得以广泛运用，其主要原因是：一是山石花台的形体可随机应变，小可占角，大可成山，特别适合与壁山结合随心变化；二是运用山石花台组合庭院中的游览线路，可形成自然式道路；三是由于江南一带多雨，地下水位高，而中国传统的一些名花如牡丹、芍药等却要求排水良好，为此用花台提高种植地面的高程，相对地降低了地下水位，为这一类植物生长创造了合适的生态条件，又可以将花卉提高到合适高度，有利赏花。山石花台的造型强调自然、生动，为达到这一目标，在其设计施工时，应遵循以下三方面的原则。

（一）花台的平面轮廓

就花台的个体轮廓而言，应有曲折、进出的变化。更要注意使之兼有大弯和小弯的凹凸面，使弯的深浅和间距不同。应避免有小弯无大弯、有大弯无小弯或变化节奏单调的平面布局。

（二）花台的立面轮廓要有起伏变化

花台上的山石与平面变化相结合还应有高低的变化。切忌把花台做成“一码平”。一般是结合立峰来处理，但又要避免用体量过大的山峰堵塞院内的中心位置。花台除了边缘以外，花台中也可少量地点缀一些山石，花台边缘外面亦可埋置一些山石，使之有更自然的变化。

（三）花台的断面和细部要有伸缩、虚实和藏露的变化

花台的断面轮廓既直立，又有坡降和上伸下收等变化。这些细部技法很难用平面图或立面图说明，必须因势延展，就石应变。其中很重要的是虚实明暗的变化、层次的变化和藏露的变化。具体做法就是使花台的边缘或上伸下缩，或下断上连，或旁断中连，化单面体为多面体。模拟自然界由于地层下陷、崩落山石沿坡滚下成为自然围边、落石浅露等形成的自然种植池的景观。

六、同园林建筑相结合的置石

用少量的山石在合宜的部位装点建筑就仿佛把建筑建在自然的山岩上一样；所置山石模拟自然裸露的山岩，建筑依岩而建；用山石表现的实际是大山之一隅，可以适当运用局部夸张的手法，其目的是减少人工的气氛。常见的结合形式有以下几种。

（一）山石踏跺和蹲配

园林建筑从室内到室外常有一定高程差，通过规整或自然山石台阶取得上下衔接，北京的假山师傅将自然山石台阶称为“如意踏跺”，这有助于处

理从人工建筑到自然环境之间的过渡。踏跺用石选择扁平状，并以不等边三角形、多边形间砌则会更自然。每级控制在 10 ~ 30cm 高的范围内，一组台阶每级高度可不完全一样。“如意踏跺”两旁没有垂带。山石每一级都向下坡方向有 2% 的倾斜坡度以便排水。石级断面要上挑下收，以免人们上台阶时脚尖碰到石级上沿。用小块山石拼合的石级，拼缝要上下交错，以上石压下缝。蹲配是常和如意踏跺配合使用的一种置石方式，它可兼备垂带和门口对置的石狮、石鼓之类装饰品的作用。它一方面作为石级两端支撑的梯形基座，另一方面也可以由踏跺本身层层叠上而用蹲配遮挡两端不易处理的侧面。在保证这些实用功能的前提下，蹲配在空间造型上则可利用山石的形态极尽自然变化。所谓“蹲配”以体量大而高者为“蹲”，体量小而低者为“配”。实际上除了“蹲”以外，也可“立”、可“卧”，以求组合上的变化。但务必使蹲配在建筑轴线两旁有均衡的构图关系。

（二）抱角和镶隅

建筑的墙面多呈直角转折。对于外墙角，山石成环抱之势紧包基角墙面，称为抱角；对于墙内角则以山石填镶其中，称为镶隅。经过这样处理，本来是在建筑外面包了一些山石，却又似建筑坐落在自然的山岩上。山石抱角和镶隅的体量均须与墙体所在的空间取得协调。

（三）粉壁置石

以墙作为背景，在面对建筑的墙面、建筑山墙或相当于建筑墙面前基础种植的部位做石景或山景布置。

（四）回廊转折处的廊间置石

园林中的廊子在平面上往往做成曲折回环的半壁廊，在廊与墙之间形成一些大小不一、形体各异的小天井空隙地。常利用山石小品“补白”，使之在很小的空间里也有层次和深度的变化。同时可以诱导游人按设计的游览序列入游，丰富沿途的景色，使建筑空间小中见大，活泼无拘。

（五）窗前置石——“无心画”

为了使室内外互相渗透，常用漏窗透石景。在窗外布置石、竹小品之类，使景入画。以“尺幅窗”透取“无心画”是从暗处看明处，窗花有剪影的效果，加以石景，以粉墙为背景，从早到晚，窗景因时而变。

以山石缀成的室外楼梯，常称为“云梯”。它既可节约使用室内建筑面积，又可成自然山石景。如果只能在功能上作为楼梯而不能成景则不是上品。最容易犯的毛病是山石楼梯暴露无遗，和周围的景物缺乏联系和呼应。而做得好的云梯往往是组合丰富，变化自如。

第三节　园林塑石设计

一、概述

假山的材料有两种：一种是天然的山石材料，仅仅是在人工砌叠时，以水泥做胶结材料，以混凝土做基础而已；还有一种是以水泥混合砂浆、钢丝网或 GRC 做材料，人工塑料翻模成型的假山，又称“塑石”。

二、塑石的优点

（一）质地轻

比重为天然石材的 1/3 ~ 1/4，无须额外的墙基支撑。

（二）经久耐用

不褪色、耐腐蚀、耐风化、强度高、抗冻与抗渗性好。

（三）绿色环保

无异味、吸音、防火、隔热、无毒、无污染、无放射性。

（四）防尘自洁功能

经防水剂工艺处理后不易粘附灰尘，风雨冲刷即可自行洁净如新，免维护保养。

（五）安装简单，省费用

无须将其铆在墙体上，直接粘贴即可，安装费用仅为天然石材的 1/3。

（六）色调稳定丰富

采用进口颜料手工上色，确保色泽的持久稳定，抗腐蚀耐酸碱，塑石表面颜色均匀，色泽质地惟妙惟肖，颜色品种繁多，与多款塑石品种搭配营造出粗犷、典雅、质朴、简约、原始等多种风情的外观墙面。

三、塑石假山施工工艺流程

（一）假山设计

深化设计方案、制作假山模型：依据图纸及效果图进行深化设计，依据图纸制作精细模型，根据模型运用数字扫描技术制作施工图（结构图、立面图、平面图），确保施工过程中尺寸比例准确、结构合理、安全可靠。

（二）假山制作流程

1. 定点放样

对塑石假山定点定位，采用网格法在现场确定山体的外轮廓线及水平点，沿轮廓线放出基础的挖土线。

2. 基础工程

基础结构浇筑时应埋好钢材主骨架的预埋铁件、型钢骨架。

3. 主骨架安装

主骨架采用镀锌钢材，作为结构主受力部分，应根据山体造型的体量大小和高低要求定出每根钢材的长度尺寸，逐根焊接，焊接质量应符合规范要求，对于焊缝应进行除锈防腐处理。

4. 次骨架安装

次骨架采用镀锌钢材，作为主骨架与山皮间的连接，要求最大间距在1m以内，使山体充分牢固支撑在主结构上。

5. 钢筋网绑扎

采用Φ6圆钢，间距150×150mm，焊接于结构骨架上，钢筋网需做防腐处理。在钢筋网格表面绑扎钢筋网前，依照钢筋网格的高低起伏逐块绑扎固定，再根据设计山体质感纹理的造型要求，进行局部敲压修整处理，做出山体的整体轮廓线条。

6. 钢网片绑扎

采用孔径5×5μm镀锌钢网绑扎于钢筋网上。在钢筋网格表面绑扎钢筋网前，依照钢筋网格的高低起伏逐块绑扎固定，再根据山体质感纹理的造型要求，进行局部敲压修整处理。

7. 挂浆打底

挂浆用1：2水泥砂浆加入适量纤维性附料及建筑胶水，以增加山石表面抗拉强度和砂浆的粘韧性。山体外挑部位的底部挂浆，应在钢筋网上面铺挂，砂浆应挂满整个网面。打底挂浆施工后进行浇水养护。

8. 山体纹理粗造型

根据模型及图纸的要求及整体塑石假山风格，对山体中的山脉、峰峦、洞穴、溪流、断层、壁顶、石纹等外部轮廓进行初步造型制作，整体效果达到造型自然、比例适当、整体连贯性强。

9. 山石纹理细部处理

按照山体的初步造型和表面造皴，对峰峦、山涧、洞穴、溪流、断层、石矶、石质、纹理用切、凿、塑等方法进行细部造型处理，反复远近、正侧观察，边塑造边使山体各部位达到自然山石的质感效果和天然景观的艺术效果。

10. 山体着色

山体着色前应保证山体干燥并清理表面。先喷涂抗碱底漆，再依照要求基调颜色选用耐候型户外专用色浆及外墙乳胶漆调色，多次多层喷涂润色，以达到艺术效果要求，最后喷涂保护剂。

第八章　生态园林园路景观设计

第一节　园路设计理论

一、园路的功能与作用

（一）划分、组织空间

对于地形起伏不大、建筑比重小的现代园林绿地，道路围合、分隔不同景区是主要方式。借助铺地面貌（线形、轮廓、图案等）的变化可以暗示空间性质、景观特点的转换以及活动形式的改变，从而起到组织空间的作用。

（二）组织交通和导游

首先，铺地能耐践踏、辗压和磨损，可满足各种园务运输的要求，并为游人提供舒适、安全、方便的交通条件；其次，园林各景点的联系是依托园路进行的，为动态序列的展开指明了前进的方向，引导游人从一个景区进入另一个景区；最后，园路还为欣赏园景提供了连续的不同的视点，可以取得步移景异的效果。

（三）提供活动场地和休息场所

园路可扩展为广场（可结合材料、质地和图案的变化），为游人提供活动和休息的场所。

（四）参与造景、形成特色

铺地作为空间界面的一个方面而存在，自始至终伴随着游览者；它同园林中的山、水、植物、建筑一样在渲染气氛、创造意境、统一空间环境、影响空间比例、创造空间个性等方面起着十分重要的作用。

（五）组织排水

道路可以借助其路缘或边沟组织排水。一般园林绿地都高于路面，遵循以地形排水为主的原则。道路汇集两则绿地径流之后，利用其纵向坡度即可按预定方向将雨水排出。

园林铺地的实用功能不同，其设计形式也不相同，表现出不同类别的园林场地。

二、园路系统布局

风景园林的道路系统不同于一般的城市道路系统，它有自己的布置形式和布局特点。园路系统主要是由不同级别的园路和各种用途的园林场地构成的。一般所见的园路系统布局有以下 3 种。

（一）套环式园路系统

其特征是由主园路构成一个闭合的大型环路或一个“8”字形的双环路，再由很多的次园路和游览小道从主园路上分出，并且相互穿插连接与闭合，构成又一些较小的环路。主园路、次园路和小路构成的环路之间的关系，是环环相套、互通互连的关系，其中少有尽端式道路。该道路系统可以满足游人在游览中不走回头路的愿望。套环式园路是最能适应公共园林环境，并且在实践中也是得到最为广泛应用的一种园路系统。但是，在地形狭长的园林绿地中由于受到地形的限制，套环式园路也有不易构成完整系统的遗憾之一，因此在狭长地带一般都不采用这种园路布局形式。

（二）条带式园路系统

其特征是主园路呈条带状，始端和尽端各在一方，并不闭合成环；在主路的一侧或两侧，可以穿插一些次园路和游览小道，次路和小路相互之间也可以局部地闭合成环路，但主路是怎样都不会闭合成环的。在地形狭长的园林绿地上，采用条带式园路系统比较合适。条带式园路布局不能保证游人在游园中不走回头路，所以只在林荫道、河滨公园等带状公共绿地中才采用条带式园路系统。

（三）树枝式园路系统

以山谷、河谷地形为主的风景区和市郊公园，主园路一般只能布置在谷底，沿着河沟从下往上延伸。两侧山坡上的多处景点都是从主路上分出一些支路，甚至再分出一些小路加以连接。支路和小路多数只能是尽端式道路，游人到了景点游览之后，要原路返回到主路再向上行。这种道路系统的平面形状，就像是有许多分枝的树枝一样，游人走回头路的时候很多。从游览的角度看，这是游览性最差的一种园路布局形式，只有在受地形限制时，才不得已而采用这种布局。

三、园路设计准备工作

在园路工程技术设计之前，必须到选定路线的现场进行实地踏勘。要熟悉设计场地地形及周围环境现状。在踏勘中一般需要做的工作有：了解规划路线基地的现状，对照地形图核对地形，将地形有变化的地方测绘、记载下来；了解园路广场基地的土壤、地质和建筑物、构筑物、水体、植物生长的基本情况，特别要注意对现状中名木古树的调查了解，要把现有古树大树的具体位点测下来，并在地图上定点注明；了解基地内地上地下的管线分布及走向，分析其与园路设计的关系；了解园外道路的走向、级别、宽度、交通特点，以及公园出入口与园外道路连接处的标高情况；等等。然后根据所确定的道路场地类别或设计形式，确定园路的宽度并进行相应的道路线形设计等。

第二节　园路设计常用材料选择

一般多选用混凝土、石材、防腐木材和预制路面材料等传统的铺装材料，近几年由于对生态环保和可持续发展的考量出现了越来越多的新型环保材料，扩大了可选择的范围。

一、混凝土

一般指水泥混凝土、沥青混凝土。有着造价低廉、铺设简单等优点，可塑性强，耐久性也很高，通过一些简单的工艺，像染色、喷漆、蚀刻、压模等可以描绘出美丽的图案，让它改头换面以适应设计要求。

二、石材

主要分为花岗岩、板岩、卵石、机制石和砾石五大类型。

（一）花岗岩

一般指具有装饰功能、结构致密、质地坚硬、性能稳定、可加工成所需形状的各种岩石，根据加工工艺的不同，花岗岩面层质感常划分为以下几种类型。

1. 磨光面、亚光面

通过研磨抛光将锯好的毛板进一步加工，使其厚度、平整度、光泽度达到要求，充分显示花岗岩原有的颜色、花纹和光泽。

2. 火烧面

通过烧毛加工，又称喷烧加工，用火焰喷烧使其表面部分颗粒热胀松动脱落，形成起伏有序的粗饰花纹。

3. 手凿面

通过楔裂、凿打、劈剁、整修、打磨等办法将毛胚加工成所需产品，其表面可以是岩礁面、网纹面、锤纹面、斧凿面等。

4. 机凿面

将不同质地的石材表面进行拉丝、打磨等办法处理形成不同的图案花纹，常见机凿面的面层主要是荔枝面和拉丝面、龙眼面。

5. 自然面

不做特别加工，表面高低悬殊，立体感强。

（二）板岩

板岩属于多孔石材，具有环保无辐射、吸音、吸潮、吸热、保温、防滑、色泽自然等特点。园林中常选类型：青石板、锈石板，给人以自然、幽静的感觉，适用于游览小径。

（三）卵石

卵石颜色丰富，古朴自然，且体积小，可以拼贴成不同的图案且有按摩脚底的保健作用，常用的有普通鹅卵石、五彩石和雨花石，作为健身步道的路面材料。

（四）机制石

一般分为水洗石、黄金石等，是由小石子、海砂等经过水磨机打磨后形成粒径小于10毫米的细石米，常用颜色有黄、红、白及混色，多用于游览步道。

（五）砾石

砾石在自然界中到处可见，在公园景观中砾石也能够创造出极其自然的效果。由于它具有极强的透水性，所以用砾石铺成的园路不仅干爽、稳固、坚实，还为植物提供了最理想的生长环境。多适用于郊野公园，体现自然、野趣的效果，以减少人工造景的痕迹。

三、防腐木材

一般是由桉木、柚木、冷杉木、松木等原木材经过防腐处理而成，多用于公园的栈道，与景观相协调，体现出自然、野趣。木质铺装最大的优点是给人以柔和、亲切的感觉。

四、预制路面材料

主要有陶土砖、混凝土砖、黏土砖、瓦片等，以黏土、页岩、煤矸石、粉煤灰为主要原料焙烧而成，具有牢固、平坦、防滑、耐磨、抗冻、防腐能力较强、便于施工和管理等特点，适用范围较大。

第三节　园路设计要点及内容

一、园林铺装设计

（一）园林铺装的特殊要求

园林铺装由它承担的主要功能来确定，但须满足以下要求：第一，应满足其通车和行人的功能要求；第二，应满足整体环境景观和谐美观的要求；第三，园林铺装材料可以采用更多的新型材料；第四，园林铺装的铺装形式可以灵活多变，因地造景。

（二）铺装形式

根据路面铺装材料、装饰特点和园林使用功能，可以把园路的路面铺装形式分为整体现浇、片材贴面、板材砌块、砌块嵌草和砖石镶嵌铺装等五类。

1. 整体现浇铺装

该路面适宜风景区通车干道、公园主园路、公园次园路或一些附属道路。园林铺装广场、停车场、回车场等也常常采用整体现浇铺装。采用这种铺装的路面，主要是沥青混凝土路面和水泥混凝土路面。沥青混凝土路面，用 60 ~ 100mm 厚泥结碎石做基层，以 30 ~ 50mm 厚沥青混凝土做面层。这种路面属于黑色路面，一般不用其他方法来对路面进行装饰处理。水泥混凝土路面的基层做法，可用 80 ~ 120mm 厚碎石层，或用 150 ~ 200mm 厚大块石层，在基层上面可用 30 ~ 50mm 粗砂做间层。面层则一般采用 C20 混凝土，做 120 ~ 160mm 厚，路面每隔 10m 设伸缩缝一道。对路面的装饰，主要是采取各种表面处理。抹灰装饰的方法有以下几种。

普通抹灰：是用水泥砂浆在路面表层做保护装饰层或磨耗层。水泥砂浆可采用1 ∶ 2或1 ∶ 2.5比例，常以粗砂配制。

彩色水泥抹灰：在水泥中加各种颜料，配制成彩色水泥，对路面进行抹灰，可做出彩色水泥路面。

水磨石饰面：水磨石路面是一种比较高级的装饰型路面，有普通水磨石和彩色水磨石两种做法。水磨石面层的厚度一般为10 ~ 20mm。是用水泥和彩色细石子调制成水泥石子浆，铺好面层后打磨光滑。

露骨料饰面：一些园路的边带或做障碍性铺装的路面，常采用混凝土露骨料方法饰面，做成装饰性边带。这种路面立体感较强，能够和其相邻的平整路面形成鲜明的质感对比。

2. 片材贴面铺装

这种铺地类型一般用在小游园、庭园、屋顶花园等面积不太大的地方。若铺装面积过大，路面造价将会太高，经济上常不会允许。常用的片材主要是花岗石、大理石、釉面墙地砖、陶瓷广场砖和马赛克等。在混凝土面层上铺垫一层水泥砂浆，能够起到路面找平和结合作用。用片材贴面装饰的路面，其边缘最好设置道牙石，以使路边更加整齐和规范。各种片材铺地情况如下。

花岗石铺地：这是一种高级的装饰性地面铺装。花岗石可采用红色、青色、灰绿色等多种，要先加工成正方形、长方形的薄片状，才用来铺贴地面。其加工的规格大小可根据设计而定。大理石铺地与花岗石相同。

石片碎拼铺地：大理石、花岗石的碎片，价格较便宜，用来铺地很划算，既装饰了路面，又可减少铺路经费。形状不规则的石片在地面上铺贴出的纹理多数是冰裂纹，使路面显得比较别致。

釉面墙地砖铺地：釉面墙地砖有丰富的颜色和表面图案，尺寸规格也很多，在铺地设计中选择余地很大。

陶瓷广场砖铺地：广场砖多为陶瓷或琉璃质地，产品基本规格是100mm × 100mm，略呈扇形，可以在路面组合成直线的矩形图案，也可以组合成圆形图案。广场砖比釉面墙地砖厚一些，其铺装路面的强度也大些，装饰路面的效果比较好。

马赛克铺地：庭园内的局部路面还可以用马赛克铺地，如古波斯的伊斯兰式庭园道路就常见这种铺地。马赛克色彩丰富，容易组合地面图纹，装饰效果较好；但铺在路面较易脱落，不适宜人流较多的道路铺装，所以目前采用马赛克装饰路面的并不多见。

3. 板材砌块铺装

用整形的板材、方砖、预制的混凝土砌块铺在路面，作为道路结构面层的，都属于这类铺地形式。这类铺地适用于一般的散步游览道、草坪路、岸边小路和城市游憩林荫道、街道上的人行道等。

板材铺地：打凿整形的石板和预制的混凝土板，都能用作路面的结构面层。这些板材常用在园路游览道的中带上，做路面的主体部分，也常用作较小场地的铺地材料。

黏土砖铺地：用于铺地的黏土砖规格很多，有方砖，亦有长方砖。

预制砌块铺地：用预制的混凝土砌块铺地，也是作为园路结构的面层。

预制道牙铺装：道牙铺装在道路边缘起保护路面作用，有用石材凿打整形为长条形的，也有按设计用混凝土预制的。

4. 砌块嵌草铺装

预制混凝土砌块和草皮相间铺装路面，能够很好地透水透气；绿色草皮呈点状或线状有规律地分布，在路面形成好看的绿色纹理，能够美化路面。这种具有鲜明生态特点的路面铺装形式，现在已越来越受到人们的欢迎。采用砌块嵌草铺装的路面，主要用在人流量不太大的公园散步道、小游园道路、草坪道路或庭院内道路等处，一些铺装场地如停车场等，也可采用这种路面。

5. 砖石镶嵌铺装

用砖、石子、瓦片、碗片等材料，通过镶嵌的方法，将园路的结构面层做成具有美丽图案纹样的路面，这种做法在古代被叫作“花街铺地”。采用花街铺地的路面，其装饰性很强，趣味浓郁；但铺装中费时费工，造价较高，而且路面也不便行走。因此，只在人流不多的庭院道路和一部分园林浏览道上，才采用这种铺装形式。嵌入铺装中，一般用立砖、小青瓦瓦片来镶嵌出线条纹样，并组合成基本的图案。再用各色卵石、砾石镶嵌作为色块，填充图形大面，并进一步修饰铺地图案。我国古代花街铺地的传统图案纹样种类颇多，有几何纹、太阳纹、卷草纹、莲花纹、蝴蝶纹、云龙纹、涡纹、宝珠纹、如意纹、席字纹、回字纹、寿字纹等。还有镶嵌出人物事件图像的铺地，如胡人引驼图、奇兽葡萄图、八仙过海图、松鹤延年图、桃园三结义图、赵颜求寿图、凤戏牡丹图、牧童图、十美图等。

二、园路路口设计

路口是园路建设的重要组成部分，必须精心设计，做好安排。

（一）路口设计的基本要求

从规则式园路系统和自然式园路系统的相互比较情况来看，规则式园路系统中十字路口比较多，而自然式园路系统中则以三岔路口为主。在自然式系统中过多采用十字路口，将会降低园路的导游特性，有时甚至会造成浏览路线的紊乱，严重影响浏览活动。而在规则式园路中，从加强导游性来考虑，路口设置也应少一些十字路口，多一些三岔路口。在路口处，要尽量减少相交道路的条数，避免因路口过于集中而造成游人在路口处犹疑不决、无所适从的现象。道路相交时，除山地陡坡地形之外，一般均应尽量采取正相交方式。斜交时，斜交角度应呈锐角，其角度也要尽量不小于60°，锐角部分还应采用足够的转弯半径，设计为圆形的转角。路口处形成的道路转角，如属于阴角，可保持直角状态；如属于阳角，则应设计为斜边或改成圆角。通车园路和城市绿化街道的路口，要注意车辆通行的安全，避免交通冲突。在路口设计或路口的绿化设计中，按照路口视距三角形关系，留足安全视距。

（二）园路与建筑物的交接

在园路与建筑物的交接处，常常能形成路口。从园路与建筑相互交接的实际情况来看，一般都是在建筑近旁设置一块较小的缓冲场地，园路则通过这块场地与建筑相交接。多数情况下都应这样处理，但一些起过道作用的建筑，如路亭、游廊等也常常不设缓冲小场地。根据对园路和建筑相互关系的处理和实际工程设计中的经验，可以采用以下几种方式来处理二者之间的交接关系。

平行交接：建筑的长边与园路中心线相平行，园路与建筑的交接关系是相互平行的关系。其具体的交接方式还可分为平顺型的和弯道型的两种。

正对交接：园路中心线与建筑长轴相垂直，并正对建筑物的正中部位，与建筑相交接。

侧对交接：园路中心线与建筑长轴相垂直，并从建筑正面的一侧相交接；或者，园路从建筑的侧面与其交接，这些都属于侧对交接。因此，侧对交接也有正面侧交和侧面相交两种处理情况。实际处理园路与建筑的交接关系时，一般都应尽量避免以斜路相交，特别是正对建筑某一角的斜交，冲突感很强，一定要加以改变。对不得不斜交的园路，要在交接处设一段短的直路作为过渡，或者将交接处形成的锐角改为圆角。应当避免园路与建筑斜交。

（三）园路与园林场地的交接

其主要受场地设计形式的制约。场地形状是规则式的，则园路与其交接的方式就与建筑交接时相似，即有平行交接、正对交接和侧对交接等方式。对于圆形、椭圆形场地，园路在交接中要注意，应以中心线对着场地轴心（即圆心）进行交接，而不要随意与圆弧相切交接。这就是说，在圆形场地的交接应当是严格地规则对称的，因为圆形场地本身就是一种多轴对称的规则形。若是与不规则的自然式场地相交接，园路的接入方向和接入位置就没有多少限制了。只要不过多影响园路的通行、浏览功能和场地的使用功能，采取何种交接方式完全可依据设计而定。

三、园路的设计步骤

园林道路的设计，要在园林规划的基础上依据规划的路线、道路级别和功能要求进行详细设计。首先是做好园路的平面设计，然后进行横断面、纵断面的设计和道路结构及路面铺装设计。

（一）园路平面设计步骤

园路平面设计包括划定道路中心线、选择确定平曲线及相关参数、编排路线桩号、确定道路边界线（红线）和绘制道路平面图等。

（二）园路纵断面设计步骤

纵断面设计包括测绘道路中心线地面的高程线、确定道路纵坡及竖曲线、计算填挖高度、标定构筑物及各控制点的高程、绘制园路纵断面图等。

四、园路与铺地设计

（一）园路工程设计

1. 园路的线形设计

（1）园路宽度的确定

确定园路宽度所考虑的因素，在以行人为主的园路上是并排行走的人数和单人行走所需宽度，并兼顾园务运输的园路上是所需设置的车道数和单车道的宽度。

（2）园路平曲线及转弯半径设计

园路平曲线线形的设计：在设计自然式曲线道路时，道路平曲线的形状应满足游人平缓自如转弯的习惯，弯道曲线要流畅，曲率半径要适当，不能过分弯曲，不得矫揉造作。一般情况下，园路用两条相互平行的曲线绘出，只在路口或交叉口处有所扩宽。园路两条边线成不平行曲线的情况一般要避免，只有少数特殊设计的路线才偶尔采用不平行曲线。

园路平曲线半径的选择：除了风景名胜区的旅游主干道之外，园林道路上汽车的行车速度都不快，多数园路都不通汽车。所以一般园路的弯道平曲线半径可以设计得比较小，只供人行的浏览小路，其平曲线半径还可以更小。

园路转弯半径的确定：园路交叉或转弯处的平曲线半径又叫转弯半径。确定合适的转弯半径，可以保证园林内游人舒适地散步，园务运输车辆能够畅通无阻，也可以节约道路用地，减少工程费用。转弯半径的大小，应根据游人步行速度、车辆行驶速度及其车类型号来确定。

园路平曲线上的加宽与超高：一些风景园林道路，在转弯处的路面进行了加宽处理，并对弯道外侧路面进行加高，以使行车更加安全。

2. 园路纵断面与竖曲线设计

园路中心线在其竖向剖面上的投影形态，称为纵断面线。它随地形的变化而呈连续的折线。为使车辆安全平稳地通过折线转折点（即“变坡点”），须用一条弧曲线把相邻两个不同坡度线连接，这条曲线因位于竖直面内，故称竖曲线。当圆心位于竖曲线下方时，称为凸型竖曲线。竖曲线的设置，使园林道路多有起伏，路景生动，视线俯仰变化，浏览散步感觉舒适方便。

纵断面设计的主要内容有：确定路线各处合适的标高，设计各路段的路面纵坡及坡长和选择各处竖曲线的合适半径，设置竖曲线，计算施工高度等。对园路纵断面及竖曲线设计的基本要求是减小工程量，保证园路与广场、庭地、园林建筑和园外城市道路、街坊平顺衔接，保持路面水的通畅排除。

竖曲线设计的主要内容是确定其合适的半径。园路竖曲线的允许半径范围比较大，其最小半径比一般城市道路要小得多。

道路纵向坡度的大小，对浏览活动影响较大。在一般情况下，保持一定的园路纵坡，有利于路面排水和丰富路景。虽然园路可以在纵向被设计为平坡路面，但为排水通畅考虑，还是应保证最小纵坡不小于0.3%～0.5%。纵坡坡度过大，也会不利于游人的游览和园务运输车辆的通行。通车的园路，纵断面的最大坡度宜限制在8%以内，在弯道或山区还应减小一点。可供自行车骑行的园路，纵坡宜在2.5%以下，最大不超过4%。轮椅、三轮车宜为2%左右，不超过3%。不通车的人行游览道，最大纵坡不超过12%，若坡度在12%以上，就必须设计为梯级道路。除了专门设在悬崖峭壁边的梯级磴道外，一般的梯道纵坡坡度都不要超过100%。园路纵坡较大时，其坡面长度应有所限制，不然就会使行车出现安全事故，或者使游人感到行路劳累。当道路纵坡较大而坡长又超过限制时，则应在坡路中插入坡度不大于3%的缓和坡段；或者在过长的梯道中插入一至数个平台，供人暂停小歇并起到缓冲作用。

3. 园路横断面设计

垂直于园路中心线所作的竖向截面就是园路的横断面。园路横断面反映了道路在横向上的组成情况、道路的宽度构成、路拱及道路横坡、地上地下管线位置等情况。横断面设计的内容主要有：选择合适的道路横断面形式，确定合理的路拱横坡，综合解决道路与照明、管线、绿化及其他附属设施之间的矛盾，绘制园路横断面设计图。

（1）横断面设计形式选择

道路的横断面分为城市型和公路型两类。城市型横断面的园路适于绿化街道、小游园道路、林荫道等对路景要求较高的地方，一般在路边设有保护路面的路缘石，路面雨水通过路边的雨水口排入由地下暗管或暗沟组成的排水系统，路面横坡多采用双坡。公路型横断面的园路则适宜道路密度小、起伏度大，对路景要求不是特别高的地方，道路两侧一般不设路缘石，而是设置有一定宽度的路肩来保护路面。路边采用排水明沟排除雨水，路面常常是单坡与双坡混用。

（2）园路路拱的设计

为了使雨水能迅速地流出路面，通过雨水暗管或排水明沟顺利排除，除了人行道、路肩需要设置排水横坡外，园路的主体部分路面也要设计为有一定横坡的路面，而道路横断面的路面线就常常呈现拱形、斜线形等形状。这就是我们所说的路拱。路拱的设计，主要就是确定道路的横坡坡度及横断路面线的线型。道路路拱基本设计形式有抛物线形、折线形、直线形和单坡形

4种。

（3）横断面综合设计

园路横断面设计情况对路景、行走游览、行车和排水具有很大的影响，因此需要综合各方面的情况和条件统筹安排，解决好道路与环境、与路旁景物和与路上路下各种管线杆柱之间的矛盾。

（4）园路横断面图绘制

道路横断面图有标准横断面与施工横断面两种图示方式。

4. 园路的结构设计

从构造上看，园路是由路基和路面两部分构成的。在不同的地方，路基的情况有所不同，路面的进一步构成也有较大的差别。

（1）路基设计

填土路基：是在比较低洼的场地上填筑土方或石方做成的路基。这种路基一般都高于两旁场地的地坪，因此也常常被称为路堤。园林中的湖堤道路、洼地车道等有采用路堤式路基的。

挖土路基：沿着路线挖方后，其基面标高低于两侧地坪，如同沟堑一样的路基又被叫作路堑。当道路纵坡过大时，采用路堑式路基可以减小纵坡。在这种路基上，人、车所产生的噪声对环境影响较小，其消声减噪的作用十分明显。

半挖半填土路基：在山坡地形条件下，多见采用挖高处填低处的方式筑成半挖半填土路基。这种路基上，道路两侧是一侧屏蔽另一侧开敞，施工上也容易做到土石方工程量的平衡。

（2）路面设计

路面是指用坚硬材料铺设在路基上的一层或多层的道路结构部分。路面应当具有较好的耐压、耐磨和抗风化性能；要做得平整、通顺，能方便行人或行车；作为园林道路，还要特别具有美观、别致和行走舒适的特点。按照路面在荷载作用下工作特性的不同，可以把路面分为刚性路面和柔性路面两类。从横断面上看，园路路面是多层结构的，其结构层次随道路级别、功能的不同而有一些区别。一般园路的路面部分，从下至上结构层次的分布顺序是：垫层、基层、结合层和面层。路面结构层的组合，应根据园路的实际功能和园路级别灵活确定。一些简易的园路，路面可以不分垫层、基层和面层而只做一层，这种路面结构可称为单层式结构。如果路面由两个以上的结构层组成，则可叫多层式结构。各结构层之间应当结合良好，整体性强，具有最稳定的组合状态。结构层材料的强度一般应从上而下逐层减小，但各层的厚度却应从上而下逐层增厚。

5. 园林梯道结构设计

园林道路在穿过高差较大的上下层台地，或者穿行在山地、陡地时，都要采用踏步梯道的形式。即使在广场、河岸等较平坦的地方，有时为了创造丰富的地面景观，也要设计一些踏步或梯道，使地面的造型更加富于变化。常见的园林踏步梯道及其结构设计要点如下所述。

（1）砖石阶梯踏步

以砖或整形毛石为材料。根据行人在踏步上行走的规律，一步踏的踏面宽度应设计为 28 ～ 38cm，适当再加宽一点也可以，但不宜宽过 60cm；二步踏的踏面可以宽 90 ～ 100cm。每一级踏步的宽度最好一致，不要忽宽忽窄。每一级踏步的高度也要统一起来，不得高低相间。一级踏步的高度一般情况下应设计为 10 ～ 16.5cm。低于 10cm 时行走不安全，高于 16.5cm 时行走较吃力。儿童活动区的梯级道路，其踏步高应为 10 ～ 12cm，踏步宽不超过 45cm。一般情况下，园林中的台阶梯道都要考虑伤残人轮椅车和自行车推行上坡的需要，要在梯道两侧或中带设置斜坡道。梯道太长时，应当分段插入休息缓冲平台；使梯道每一段的梯级数最好控制在 25 级以下；缓冲平台的宽度应在 1.58cm 以上，太窄时不能起到缓冲作用。在设置踏步的地段上，踏步的数量至少应为 2 ～ 3 级，如果只有一级而又没有特殊的标记，则容易被人忽略，使人绊跤。

（2）混凝土踏步

一般将斜坡上素土夯实，坡面用 1 ： 3 ： 6 三合土（加碎砖）或 3 ： 7 灰土（加碎砖石）做垫层并筑实，厚 6 ～ 10cm；其上采用 C10 混凝土现浇做踏步。踏步表面的抹面可按设计进行，每一级踏步的宽度、高度以及休息缓冲平台、轮椅坡道的设置要求等都与砖石阶梯踏步相同，可参照进行设计。

（3）山石磴道

在园林土山或石假山及其他一些地方，为了与自然山水园林相协调，梯级道路不采用砖石材料砌筑成整齐的阶梯，而是采用顶面平整的自然山石，依山随势地砌成山石磴道。踏步石踏面的宽窄允许有些不同，可在30 ~ 50cm之间变动。踏面高度应统一起来，一般采用12 ~ 20cm。设置山石磴道的地方本身就是供登攀的，所以踏面高度大于砖石阶梯。

（4）攀岩天梯梯道

这种梯道是在风景区山地或园林假山上最陡的崖壁处设置的攀登通道。一般是从下到上在崖壁上凿出一道道横槽作为梯步，如同天梯一样。梯道旁必须设置铁链或铁管矮栏并固定于崖壁壁面，作为登攀时的扶手。

第四节　常见园路及其附属工程构造设计实践

一、常见园路

园路常依据道路的用途、重要性、构成材料和形式进行分类，常见以下分类形式。

第一，按主要用途可分为园景路、乡村公路、街道路3种类型。

第二，依照园路的重要性和级别，可分为主园路、次园路和小路。主园路在风景区中又叫主干道，是贯穿风景区内所有浏览区或串联公园内所有景区，起骨干主导作用的园路。主园路作为导游线，对游人的游园活动进行有序的组织和引导，同时它也要满足少量园务运输车辆通行的要求；次园路又叫支路、游览道或游览大道，其宽度仅次于主园路，是联系各重要景点地带的重要园路。次园路有一定的导游性，主要供游人游览观景用，一般不设计为能够通行汽车的道路。小路即游览小道或散步小道，其宽度一般仅供1人漫步或可供2 ~ 3人并肩散步。小路的布置很灵活，平地、坡地、山地、水边、草坪上、花坛群中、屋顶花园等处，都可以铺筑小路。

第三，按筑路形式分，常见的有如下几类。

平道：在平坦园地中的道路，是大多数园路的修筑形式。

坡道：是在坡地上铺设的，纵坡度较大但不做阶梯状路面的园路。

石梯磴道：坡度较陡的山地上所设阶梯状园路，称为磴道或梯道。

栈道：建在绝壁陡坡、宽水窄岸处的半架空道路就是栈道。

索道：主要在山地风景区，是以凌空铁索传送游人的架空道路线。

缆车道：在坡度较大、坡面较长的山坡上铺设轨道，用钢缆牵引车厢运送游人，这就是缆车道。

廊道：由长廊、长花架覆盖路面的园路，都可以叫廊道。廊道一般布置在建筑庭园中。

二、园路其他要素

（一）园路与建筑

在园路与建筑物的交接处，常常形成路口。从园路与建筑相互交接的实际情况来看，一般都是在建筑近旁设置一块较小的缓冲场地，园路则通过这块场地与建筑交接，多数情况下都应这样处理。但一些起过道作用的建筑，如游廊等也常常不设缓冲小场地。

常见的园路与建筑采用平行交接和正对交接，是指建筑物的长轴与园路中心线平行或垂直；还有一种侧对交接，是指建筑长轴与园路中心线相垂直，并从建筑正向的一侧相交接，或者园路从建筑物的侧面与其交接。实际处理园路与建筑物的交接关系时，一般都避免斜路交接，特别是正对建筑某一角的斜角，冲突感很强。对不得不斜交的园路要在交接处设一段短的直路作为过渡，或者将交接处形成的路角改成圆角，应避免建筑与园路斜交。

（二）园路与水体

中国园林常常以水面为中心，主干道环绕水面，联系各景区，是较理想的处理手法。当主路临水面布置时，路不应该是始终与水面平行，这样会因缺少变化而显得平淡乏味。较好的设计是根据地形的起伏、周围的景色和功能景色，使主路和水面若即若离。落水面的道路可用桥、堤或汀步相接。

应注意滨河路的规划，滨河路在城市中往往是交通繁忙而景观要求又较高的城市干道。滨河路是城市中临江、河、湖、海等水体的道路，临近水面的步道的布置有一定的要求。游步宽度最好不小于5m，并尽量接近水面；滨河路比较宽时，最好布置两条游步道，一条临近道路人行道，便于行人来往，而临近水面的一条游步道要宽些，供游人漫步或驻足眺望。

（三）园路与山石

在园林中经常在两侧布置一些山石，组成夹景构成景色，有一种幽静的氛围。在园路的交叉路口，转弯处也常设置假山，既能疏导交通，又能起到美观的作用。

（四）园路与植物

园路最好的绿化效果，应该是林荫夹道。郊区大面积绿化，行道树可与两旁绿化种植结合在一起，自由进出，不按间距灵活种植，实现路在林中走的意境。

在园路的转弯处可以利用植物进行强调，比如种植大量五颜六色的花卉，既有引导游人的功能，又极其美观。园路的交叉路口处，常常可以设置中心绿岛、回车岛、花钵、花树坛等，同样具有美观和疏导游人的作用。

还应注意园路和绿地的高低关系，设计好的园路常是浅铺于绿地之上，隐藏于绿丛之中的，尤其山麓边坡外，园路一经暴露便会留下道道横行痕迹，极不美观，所以要求路比“绿”低，但不一定是比“土”低。

（五）园路规划中应注意的问题

第一，现代园林中，避免将本身很美的自然地形改成一马平川，使园路失去立面上的变化，或将平地堆成“坟堆”，强硬地使园路“三步一弯，五步一曲”。

第二，园路布局形成有自然式、规划式和混合式 3 种，但不管采用哪种园路形式，最忌讳的是断头路、回头路，除非有明显的终点景观和建筑。

第三，园林绿地规划中园路所占面积、比例不适应，造成交通不便以及人们行路挤占绿地现象。某些规划设计中过多规划园路使其形如蜘蛛网，不仅影响景观效果，同时加大建筑投资负担。

第四，某些园路交叉口设计不合理，夹角太小，未考虑转弯半径，从而导致人们为了方便往往踩踏草坪。有些交叉口相交路数量太多（如四五条），造成人们在路口交叉处无所适从的现象。

第五，某些园路在与环境的处理上不是很适宜。如与圆形花坛相切分布、在建筑物入口集散广场处相交路口偏重于一侧、道路与水体驳岸紧贴布置等。

三、附属工程

园路附属工程包括道牙、明沟、雨水井、台阶、种植池等。

四、典型的园路铺装施工方法

（一）青石板铺装

在进行前期的施工放线、路槽修整、基层施工时，应先将青石板背面刷干净，并保持湿润，铺贴前应先将基层浇水湿润，再刷素水泥浆（水、灰比为 1 ∶ 2），水泥浆应随刷随铺砂浆，不应有风干现象。铺贴充分搅拌后的干性水泥砂浆（一般配合比为 1 ∶ 3，以湿润松散、手握成团不泌水为准）找平，虚铺厚度以 25 ~ 30mm 为宜，放置青石板时应高出预定完成面 3 ~ 4mm。用灰匙拍实抹平，然后进行石板预铺，对准纵横缝，用橡皮锤敲击石板中部，震实砂浆至铺设高度后，将石板掀起，检查砂浆表面与石板底部相吻合后（若有空虚，应用砂浆填补），在干性水泥砂浆上撒素水泥浆，把石板对准铺贴，铺贴时四角要同时着落，再用橡皮锤敲击至平整。铺贴顺序应从园路中心向外进行挂线铺贴（保证有相应的纵横坡度），并使缝隙宽度达到设计要求。铺贴完 24 小时后，经检查石板表面无缝隙、无空鼓后，用稀水泥刷缝填饱满，并立即用干布擦净至无残灰、无污迹为止，铺好后应对园路进行保护。

（二）卵石铺装

卵石铺装在园路的路面装饰上应用越来越广泛，它不仅以其优美的图案、色彩构成园林一景，又可作为健康步道，使人们通过行走在卵石路上按摩足底穴位以达到健身目的。按要求挑选卵石，将卵石表面的杂质冲洗干净、晒干，并依设计要求的图案、颜色、纹理进行试拼。洒水湿润基层，在基层上摊铺素水泥浆（厚度可根据卵石的粒径大小确定），待素水泥浆稍凝，将前期备好的卵石按设计要求的排列方式一个个插入素浆内，嵌入深度为卵石厚度（平铺）或高度（竖铺）的 2/3 处，然后用木板或铁抹子拍平，高度比两侧收边石齐平略高。用清水将卵石表面的杂质刷洗干净，并做好后期的养护工作。

（三）嵌草路面铺装

常见的嵌草路面铺装有两种，一种是在砌块与砌块之间留有缝隙，缝隙间植草，如冰裂纹嵌草路面、青石板嵌草路面。另一种是铺筑空心砌块，在砌块的空心处植草，如空心砖嵌草路面。先在处理好的基层上铺垫一层栽培壤土做垫层，壤土要求比较肥沃，富含有机质，垫层厚度为 10 ~ 15cm，然后在垫层上铺设混凝土空心砌块或实心砌块。实心砌块的尺寸较大，草皮嵌在预留的缝隙中，缝隙宽度可在 2 ~ 5cm 之间，缝隙中填土达到砌块的 2/3 高，并播种草籽或者铺植草块踩实。一般空心砌块的尺寸较小，草皮嵌在砌块的预留孔中，砌块与砌块之间不留草缝，常用水泥砂浆粘结，空心处填土达到砌块的2/3高，并播种草籽或者铺植草块踩实。

（四）洗米石铺装

石米、水泥、色粉的比例为25 ∶ 15 ∶ 1，三者必须搅拌均匀。将搅拌均匀的石米涂抹于处理好的基层或混凝土上，厚度一般为1.5 ~ 2cm，并用力拍平压实，使石米分布均匀，紧密平整，待其干固到一定程度（一般为6小时后），就可以用硬毛刷子或钢丝刷子进行刷洗。刷洗时应从石米的周边开始，并用充足的水将刷洗掉的灰泥洗去，把每一粒暴露出来的石米表面都清洗干净。刷洗后3 ~ 7天，再用10%的盐酸水洗一遍，使暴露出来的石米表面色泽更明净，最后用清水把残留盐酸全部冲洗掉。

（五）水泥混凝土路

水泥混凝土路面基层的做法：首先采用人工将运进场地（两边支好槽钢）的混凝土进行摊铺，摊铺中要按照测量标出的高程控制点水平线，按水平线将混凝土摊铺均匀，表面处理平整，尤其是骨料分布要均匀。把摊铺好的混凝土先用插入式振动器初振一遍，铲除超高部分，并将低洼的部分修补平整，然后利用平板振动器振动，边振动人工边补料、弃料，使振后表面基本初平，最后选用相应板宽的微振动梁靠在两侧模板顶进行振动，这时表面泛浆量大，微振动梁沿纵向向前振时一般不允许再补料，但在明显凹部可用碾压人工补平，再振一遍，最后人工用长尺表面找平。表面抹灰用的方法有普通抹灰：用水泥砂浆在路面表层做保护装饰层或磨耗层，水泥砂浆可采用1 ∶ 2比例，常用粗砂配制；彩色水泥抹灰：在水泥中加各种颜料，配制成彩色水泥砂浆，对路面进行抹灰，可做出彩色水泥路面。另外可以结合压纹、锯纹等对表层进行处理。切缝时间一般在混凝土施工完成12小时后，切缝必须垂直向下，缝内不得有杂物，然后用沥青灌浇。混凝土浇筑完毕后，采用锯木或麻袋盖面养护，保持表面湿润状态。混凝土一般浇筑完毕后12 ~ 18小时，可开始养护。养护方法：用洒水车沿线喷养，派专人专车养护，养护时间不少于14天，尽可能养护20天。

参考文献

[1] 应求是，李永红，钱江波，等．四季植物景观设计 [M]. 杭州：浙江大学出版社，2019.

[2] 段瑞静，王瑛瑛．景观设计原理 [M]. 镇江：江苏大学出版社，2019.

[3] 肖国栋，刘婷，王翠．园林建筑与景观设计 [M]. 长春：吉林美术出版社，2019.

[4] 左小强．城市生态景观设计研究 [M]. 长春：吉林美术出版社，2019.

[5] 盛丽．生态园林与景观艺术设计创新 [M]. 南京：江苏凤凰美术出版社，2019.

[6] 李璐．现代植物景观设计与应用实践 [M]. 长春：吉林人民出版社，2019.

[7] 何彩霞．可持续城市生态景观设计研究 [M]. 长春：吉林美术出版社，2019.

[8] 黄维．在美学上凸显特色园林景观设计与意境赏析 [M]. 长春：东北师范大学出版社，2019.

[9] 朱宇林，梁芳，乔清华．现代园林景观设计现状与未来发展趋势 [M]. 长春：东北师范大学出版社，2019.

[10] 坎农·艾弗斯．景观植物配置设计 [M]. 李婵译．沈阳：辽宁科学技术出版社，2019.

[11] 陆娟，赖茜．景观设计与园林规划 [M]. 延吉：延边大学出版社，2020.

[12] 严力蛟，蒋子杰．水利工程景观设计 [M]. 北京：中国轻工业出版社，2020.

[13] 杨琬莹．园林植物景观设计新探 [M]. 北京：北京工业大学出版社，

2020.

[14] 曹福存，刘慧超，林家阳 . 全国高等院校艺术设计专业“十三五”规划教材景观设计：第 2 版 [M]. 北京：中国轻工业出版社，2020.

[15] 周燕，杨麟，等 . 城市滨水景观规划设计 [M]. 武汉：华中科技大学出版社，2020.

[16] 郭雨，梅雨，杨丹晨 . 乡村景观规划设计创新研究 [M]. 北京：应急管理出版社，2020.

[17] 王江萍 . 城市景观规划设计 [M]. 武汉：武汉大学出版社，2020.

[18] 张淑琴 . 生态学原理在园林景观营造和生态环境评价中的应用研究 [M]. 北京：原子能出版社，2020.

[19] 陈晓刚 . 风景园林规划设计原理 [M]. 北京：中国建材工业出版社，2020.

[20] 王煠凡 . 江苏地区农业景观的保护与更新 [M]. 天津：天津科学技术出版社，2020.

[21] 杜雪，肖勇，傅祎 . 景观设计 [M]. 北京：北京理工大学出版社有限责任公司，2021.

[22] 徐志华 . 西方景观设计研究 [M]. 北京：中国原子能出版传媒有限公司，2021.

[23] 克里斯蒂娜·马祖凯利 . 小尺度景观设计 [M]. 李婵，杨莉译 . 沈阳：辽宁科学技术出版社有限责任公司，2021.

[24] 王红英，孙欣欣，丁晗 . 园林景观设计 [M]. 北京：中国轻工业出版社，2021.

[25] 谢科，单宁，何冬 . 景观设计基础：第 2 版 [M]. 武汉：华中科技大学出版社，2021.

[26] 李良 . 景观设计心理学 [M]. 重庆：西南师范大学出版社有限责任公司，2021

[27] 高颖 . 社区景观设计 [M]. 天津：天津大学出版社有限责任公司，2021.

[28] 于晓，谭国栋，崔海珍 . 城市规划与园林景观设计 [M]. 长春：吉林人民出版社，2021.

[29] 肇丹丹，赵丽薇，王云平 . 园林景观设计与表现研究 [M]. 北京：中国书籍出版社，2021.

[30] 许劭艺 . 海南城乡景观设计 [M]. 长沙：湖南大学出版社有限责任公司，2021.